"十三五"江苏省高等学校重点教材（本书编号：2016-1-056）

应用型本科院校计算机类专业校企合作实训教材系列

Java EE 框架技术与案例教程

主　编　杨种学　王小正

副主编　侯　青　徐家喜　朱　杰

U0653231

【微信扫码】
本书导学，领你入门

南京大学出版社

图书在版编目(CIP)数据

Java EE 框架技术与案例教程 / 杨种学,王小正主编.
— 南京:南京大学出版社,2017.12(2021.8 重印)
应用型本科院校计算机类专业校企合作实训教材系列
ISBN 978 - 7 - 305 - 19722 - 2

Ⅰ. ①J… Ⅱ. ①杨… ②王… Ⅲ. ①JAVA 语言一程序
设计一高等学校一教材 Ⅳ. ①TP312.8

中国版本图书馆 CIP 数据核字(2017)第 316646 号

出版发行 南京大学出版社
社 址 南京市汉口路 22 号 邮编 210093
出 版 人 金鑫荣

丛 书 名 应用型本科院校计算机类专业校企合作实训教材系列
书 名 Java EE 框架技术与案例教程
主 编 杨种学 王小正
责任编辑 王秉华 王南雁 编辑热线 025 - 83597482

照 排 南京开卷文化传媒有限公司
印 刷 南京人民印刷厂有限责任公司
开 本 787×1092 1/16 印张 17.75 字数 430 千
版 次 2017 年 12 月第 1 版 2021 年 8 月第 2 次印刷
ISBN 978 - 7 - 305 - 19722 - 2
定 价 44.80 元

网 址:http://www.njupco.com
官方微博:http://weibo.com/njupco
官方微信号:njupress
销售咨询热线:(025)83594756

* 版权所有,侵权必究
* 凡购买南大版图书,如有印装质量问题,请与所购
  图书销售部门联系调换

序

　　在当前的信息时代和知识经济时代,计算机科学与技术的应用已经渗透到国民生活的方方面面,成为推动社会进步和经济发展的重要引擎。

　　随着产业进步、学科发展和社会分工的进一步精细化,计算机学科新知识、新领域层出不穷,多学科交叉与融合的计算机学科新形态正逐渐形成。2012 年,国家教育部公布的《普通高等学校本科专业目录(2012 年)》中将计算机类专业分为计算机科学与技术、软件工程、网络工程、物联网工程、信息安全、数字媒体技术等专业。

　　随着国家信息化步伐的加快和我国高等教育逐步走向大众化,计算机类专业人才培养不仅在数量的增加上也在质量的提高上对目前的计算机类专业教育提出更为迫切的要求。社会需要计算机类专业的教学内容的更新周期越来越短。相应的,我国计算机类专业教育也将改革的目标与重点聚焦于如何培养合能够适应社会经济发展需要的高素质工程应用型人才。

　　作为应用型地方本科院校,南京晓庄学院计算机类专业在多年实践中,逐步形成了行知“教学做合一”思想与国际工程教育理念相融合的独具晓庄特色的工程教育新理念。学生在社会生产实践的“做”中产生专业学习需求和形成专业认同,在“做”中增强实践能力和创新能力,在“做”中生成和创造新知识,在“做”中涵养基本人格和公民意识;同时学生应遵循工程教育理念,标准地“做”,系统地“做”,科学地“做”,创造地“做”。

　　实践环节是应用型本科院校人才培养的重要手段之一,是应用型人才培养目标得以实现的重要保证。当前市场上一些实践教材导向性不明显,可操作性不强,系统性不够,与社会生产实际联系不紧密。总体上来说没有形成系列,同一专业的不同实践教材重复较多,且教材之间的衔接不够。

　　《教育部关于“十三五”普通高等教育本科教材建设的若干意见(教高[2011]05 号)》要求重视和发挥行业协会和知名企业在教材建设中的作用,鼓励行业协会和企业利用其具有的行业资源和人才优势,开发贴近经济社会实际的教材和高质量的实践教材。南京晓庄学院计算机类专业积极开展校企联合实践教材建设工作,与国内多家知名企业共同规划建设“应用型本科院校计算机类专业校企合作系列教材”。本系列教材是在计算机学科和计算机类专业课程体系建设基本成熟的基础上,按照国际工程教育认证的相关要求由我校优秀教学科研骨干和行业企业专家通力合作而成的,力求充分体现科学性、先进性、工程性。本系列教材在规划编写过程中体现了如下一些基本组织原则和特点。

1. 贯彻了国际工程教育新理念。教材内容的组织和案例的甄选充分考虑了复杂工程背景和宏大工程视野下的工程项目组织、实施和管理,注重强化具有团队协作意识、创新精神等优秀人格素养的卓越工程师的培养。

2. 体现了计算机学科发展趋势和技术进步。教材内容适应社会对现代计算机工程人才培养的需求,反映了基本理论和原理的综合应用,反映了教学体系的调整和教学内容的及时更新,注重将数据处理等相关前沿技术的新成果、新应用纳入教材内容。

3. 反映了计算机类专业改革和人才培养需要。教材规划以 2012 年教育部公布的新专业目录为依据,正确把握了计算机类专业教学内容和课程体系的改革方向。在教材内容和编写体系方面注重了学思结合、知行合一和因材施教,强化了以适应社会需要为目标的教学内容改革,由知识本位转向能力本位,体现了知识、能力、素质协调发展的要求。

4. 结合了行业企业的技术优势和项目资源。教材采用校企联合开发和建设的模式,充分利用行业专家、企业工程师和项目经理的项目组织、管理、实施经验的优势,将企业实际实施的工程项目分解为若干可独立执行的案例,注重了问题探究、案例讨论、项目参与式教育教学方式方法的运用。

5. 突出了应用型本科院校基本特点。教材内容以适应社会需要为目标,突出"应用型"的基本特色,围绕培养目标,以工程应用为背景,通过理论与实践相结合,重视学生的工程应用能力的培养,增强学生对技能的应用。

相信通过这套"应用型本科院校计算机类专业校企合作实训教材系列"的规划出版,能够在形式上和内容上显著提高我国应用型本科院校计算机类专业实践教材的整体水平,继而提高计算机类专业人才的培养质量,培养出符合经济社会发展需要和产业需求的高素质工程应用型人才。

系列教材编委会

　　Java EE 技术经过多年的发展已日趋成熟,使用 Java EE 技术进行项目开发的企业和工程师越来越多。因此,计算机类专业的学生可以通过掌握 Java EE 技术进一步提升就业竞争力。

　　Java EE 技术建立在开源软件基础之上,它是许多软件开发工程师在开发实践中不断摸索提炼出的技术。Java EE 技术所包含的知识点非常庞杂,如何指导缺乏软件项目开发经验的学生或初学者较快地理解并掌握 Java EE 不是一件容易的事。当前,尽管很多高校开设了 Java EE 课程,但教学效果很不理想,合适教材的缺乏就是原因之一。问题主要体现在:第一,目前介绍 Java EE 技术的教材更注重知识的传授,在能力培养方面有所欠缺;第二,教材所举案例比较零散,缺少来源于企业的真实案例,不利于工程实践知识的传授和能力的培养;第三,大多数已有教材包含的知识点对于没有任何开发经验的大学生以及初学者而言难度偏大。因此,编写出符合应用型本科高校计算机技术和软件工程课程教学特点和需求的教材已刻不容缓。

　　本书的特点通俗易懂、实用性强以及综合案例来源于企业真实开发项目。编写人员由国内知名企业资深项目架构师和有丰富开发经验的高校教师组成。本书在内容的选取及章节的安排上相对于目前已有的教材做了一定的调整,删减了一些对于初学者而言难以理解的内容。本书前 6 章内容主要包括:Java EE 简介、Web 编程基础、Java Web 编程基础、Struts 2 应用、Hibernate 和 MyBatis 应用以及 Spring 应用。每个知识点都从最简单的例子着手,一步一步引导读者学习和实现这些案例。读者在案例实现过程中对涉及的知识点有了初步认识,即先达到"知其然",教材最后通过"教学管理系统"、"教育资源网络平台"和"高校工程教育认证体系"这三个来源于企业的真实案例使读者进一步掌握和运用所学知识,最后达到"知其所以然"。经过整个课程的系统学习,读者不仅掌握了相关专业知识,并且对企业项目实际的开发流程有了一定的了解。

　　本书的完成得益于许多老师、学生以及合作企业的积极参与。其中,富士康南京软件有限公司的孙杰等工程师提供了部分素材资料,南京晓庄学院信息工程学院的徐家喜、候青、朱杰、李青等各位老师以及魏笑笑、杜瑞和周楠等学生参与了部分章节的案例代码调试和文字内容的编写工作,李青和包依勤老师参与了教材的审阅工作,在此一并向他们表示感谢。

　　本书第 1~6 章部分内容是对互联网资料进行收集、整理和改编的结果,网站来源包括软件官方网站或软件教程网等。由于本书的大多数知识点和实验内容是建立在开源软件的基础上，而开源软件最大的特点就是广大开源软件爱好者的无私奉献。因此，本人在这里表示对他们的敬意和感谢。

由于作者水平有限，疏漏和错误在所难免，敬请广大师生、读者批评指正。意见和建议可反馈至邮箱：xz_wang@163.com。

本教材提供用于教师教学的配套光盘，光盘包含了教材中所有案例的源代码和开发工具。

编　者

2017 年 12 月

【微信扫码】
拓展阅读

第1章 Java EE 简介

学习目标

1. 了解 Java EE 体系结构
2. 了解 Java EE 体系结构的优点
3. 了解 Java EE 主流的轻型框架
4. JDK、Tomcat 和 Eclipse 安装配置

Java 是一种通用、并行、基于类的且面向对象的程序设计语言,是由 Sun Microsystems 公司于 1995 年 5 月推出的 Java 程序设计语言和 Java 平台(即 Java SE,Java EE,Java ME)的总称。Java 平台由 Java 虚拟机(JVM)和 Java 应用程序接口(API)构成。Java 语言与 C、C++语言有相似之处,也有很大差别。Java 语言略去了 C、C++的一些特性而引入了其他语言的一些思想,Java 语言风格较为接近 C♯。

Java 语言是强类型定义语言,这有助于编程人员很快发现问题,因为程序编译时就可以检测出类型错误。Java 语言也是静态语言,通过编译把程序源代码按 JVM 定义规范转换成独立于机器的字节代码,所以 Java 程序无需重新编译便可在不同类型的计算机上执行,即"编写一次,到处运行"。

Java 语言在内存管理、多线程等方面提供了相对简单的管理模式,使得程序员更容易学习和掌握。

综上所述,使用 Java 语言开发更快捷、方便,开发出的软件易于维护与扩展。因此,Java 语言在计算机的各种平台、操作系统,以及手机、移动设备等方面均得到广泛的应用。

1.1 Java EE 应用概述

目前,Java 平台有 3 个版本,它们分别是适用于小型设备和智能卡的 Java Micro 版(Java Micro Edition,Java ME)、适用于桌面系统的 Java 标准版(Java Standard Edition,Java SE)、适用于创建服务器应用程序和服务的 Java 企业版(Java Enterprise Edition,Java EE)。Java EE 是一套开发、部署和管理相关的复杂问题的体系结构,使用 Java 为主要编程语言,减轻企业开发困难,提供一系列模式的解决方案。Java EE 规范建立在 Java 编程语言基础之上,更适应企业的网络需求,保留了标准版的很多优点。

在新的技术需求下,Java EE 作为不同于以往的技术架构,规范了整个系统的开发流程,为开发者们提供了一套全新的技术框架。Java EE 的全称叫作 Java 企业版(Java Enterprise Edition)技术规范与指南,里面包含了大量的具体服务架构、组件及技术,有着共同的

标准及规格。Java EE 通过减少 XML 配置和简化 JAR 包以及使用更多的 POJO 和注解的设计方式来提高项目的开发效率。Java EE 使得依赖于不同商业平台的系统有了较强的兼容性,为企业级的系统开发和运行提供了强有力的保证。

1.1.1 Java EE 应用的四层结构

(1)运行在客户端机器上的客户层:负责与用户直接交互。Java EE 支持多种客户端,可以是 Web 浏览器,也可以是专用的 Java 客户端程序。

(2)运行在 Java EE 服务器上的表示层:该层利用 Java EE 中的 JSP 与 Servlet 技术,响应客户端的请求,并可向后访问业务逻辑组件。

(3)运行在 Java EE 服务器上的业务逻辑层:主要封装了业务逻辑,完成复杂计算,提供事务处理、负载均衡、安全、资源连接等基本服务。

(4)运行在 EIT(Enterprise Information Tier)层服务器上的企业信息层:该层包括了数据库系统、文件系统等。

Java EE 应用的四层结构如图 1-1 所示。

图 1-1 Java EE 四层结构

1.1.2 Java EE 应用的体系结构优点

1. 部署代价廉价

Java EE 体系结构提供了中间层集成框架以满足无需太多费用而又需要高可用性、高可靠性和可扩展性的应用需求。降低了开发多层应用的费用和复杂性,同时提供对现有应用程序集成强有力支持。

2．开发高效

允许公司把一些通用的、很繁琐的服务端任务交给中间件供应商去完成。这样开发人员可以集中精力在如何创建商业逻辑上，从而可大大缩短开发时间。中间件供应商一般提供以下中间件服务：

（1）状态管理服务

（2）持续性服务

（3）分布式共享数据对象 Cache 服务

3．支持异构环境

基于 Java EE 的应用程序不依赖任何特定操作系统、中间件、硬件，只需开发一次就可部署到各种平台。Java EE 标准允许客户下载与 Java EE 兼容的第三方组件，把它们部署到异构环境中。

4．可伸缩

Java EE 平台提供了广泛的负载均衡策略，它能消除系统中的瓶颈，允许多台服务器集成部署，从而实现高度可伸缩。

1.2　Java EE 的轻型框架简介

软件开发框架将软件应用中的共性功能抽象出来，预先形成封装好的、与底层无关的、简单易用的接口。框架中通常还集成了很多类库，软件开发人员可以根据需要有选择性地调用或重写，从而完成对数据源、网络、系统等底层框架的访问。同时，软件开发框架并不完全等同于类库。框架除了提供类库外，还提供了"控制反转"的功能。在使用框架开发软件的过程中，对象实例化及方法调用是由框架实现的。其根本目的还是缩短开发周期，提高开发效率，提高软件的健壮性和可重用性。

Struts、Spring 、Hibernate/Mybatis 都是当前 J2EE 开发 Web 应用的主流框架，支持者众多，下面先来简要介绍这三个框架，让大家有一个初步印象。

1.2.1　Struts 框架

Struts 是一种基于 MVC 经典设计模式的开放源代码的应用框架，也是目前 Web 开发中比较成熟的一种框架。"Struts"的含义即为专业应用开发提供一种"无形的支撑"，它通过把 Servlet、JSP、JavaBean、自定义标签和信息资源等 Java 平台的各种元素整合到一个统一的框架中，为 Web 开发提供具有高可配置性的 MVC 开发模式。

Struts 体系结构实现了 MVC 设计模式的概念，它将 Model、View 和 Controller 分别映射到 Web 应用中的组件。Mode 提供了应用程序的核心功能，它包含应用程序的数据和商业逻辑，并且封装了应用程序的状态。View 是由 JSP 和 Struts 提供的自定义标签（JSTL、JSF）来实现。Controller 负责流程控制，充当 Model 和 View 之间的桥梁。由 ActionServlet 负责读取 struts-config. xml，并使用 ActionMapping 来查找对应的 Action。Struts 的体系结构与工作原理如图 1－2 所示。

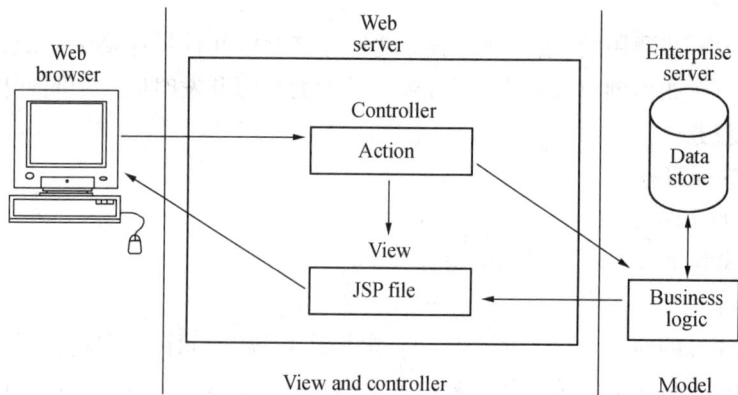

图 1 - 2　Struts 的体系结构与工作原理

1. 2. 2　ORM 框架

对目前的 Java EE 信息化系统而言,通常采用面向对象分析和面向对象设计的过程。系统从需求分析到系统设计都是按面向对象方式进行。通常,在一个程序应用中,都需要传递并持久化对象。传统方法是打开 JDBC 连接,接着创建 SQL 语句并把所需的参数值传递给它。若对象的参数较少时,这样做还比较容易,但当对象的参数很多时,实现和维护就很麻烦了。同时,这种实现方法也不符合面向对象的思想。因此,对象-关系映射(Object-relational mapping)应运而生。

ORM(Object-relational mapping)是一种基于 SQL 模式把对象模型映射到关系型数据模型的数据映射技术。Hibernate 和 Mybatis 都是面向 Java 环境的对象/关系映射工具,它可将对象模型表示的对象映射到基于 SQL 的关系数据模型中。ORM 把相应 Java 对象操作自动转换成 SQL 操作,程序开发者可以很容易地持久化 Java 对象。

1. 2. 3　Spring 框架

Spring 框架是 Rod Johnson 开发的,2003 年发布了 Spring 框架的第一个版本。Spring 是一个从实际开发中抽取出来的框架,因此它完成了大量开发中的通用步骤,从而大大提高了企业应用的开发效率。

Spring 为企业应用的开发提供了一个轻量级的解决方案。其中依赖注入、基于 AOP 的声明式事务管理、多种持久层的整合等最为人们关注。Spring 可以贯穿程序的各层之间,能够高效地组织应用程序中的各种中间层组件,但它并不是要取代那些已有的框架(如 Struts、Hibernate 等),而是以高度的开发性与它们紧密地整合,这也是 Spring 被广泛应用的原因之一。

1. 2. 4　Spring MVC 框架

Spring MVC 是 Spring Framework 的一个 Web 组件,已经融合在 Spring Web Flow 里面。Spring 框架提供了构建 Web 应用程序的全功能 MVC 模块。使用 Spring 可整合的 MVC 架构,可以选择是使用内置的 Spring Web 框架或是 Struts、JSF 等 Web 框架。通过

策略接口,Spring MVC 框架是高度可配置的,而且包含多种视图技术,例如 Java Server Pages(JSP)技术、Servlet 和 Titles 等。Spring MVC 框架并不需要知道使用的视图,所以不会强迫您只使用 JSP 技术。

Spring MVC 分离了控制器、模型对象、分派器以及处理程序对象的角色,这种分离让它们更容易进行定制。易于同其他 View 框架(Titles 等)无缝集成,采用 IOC 便于测试。它是一个典型的教科书式的 MVC 构架,而不像 Struts 等都是变种或者不是完全基于 MVC 系统的框架。它和 Tapestry 一样是一个纯正的 Servlet 系统,这也是 Struts 所没有的优势。而且框架本身有代码,看起来也不费劲,比较简单更易理解。

1.3 JSP 的开发环境搭建

1.3.1 JDK 的安装设置

1. JDK 的下载和安装

JDK(Java Development Kit)即 Java 开发工具包,进行 JSP 开发工作必须要有 JDK。本书使用的 jdk1.7.0_06,可以在 http://java.sun.com 下载到文件为 jdk- jdk1.7.0_06-windows-i586-p.exe 的 Java 工具包。

2. JDK 的环境变量配置

在"我的电脑"上单击鼠标右键,在弹出的快捷菜单中执行【属性】命令,在弹出的对话框中选择【高级】选项卡,单击【环境变量】按钮,在打开对话框中添加如下的环境变量。

(1) 设置 JAVA_HOME 变量为 Java 的主目录 C:\Program Files\Java\jdk1.7.0_06

```
$ JAVA_HOME = C:\Program Files\Java\jdk1.7.0_06
```

(2) 把 Java 的 bin 目录路径 D:\ jdk1.7.0_06\bin 添加到 PATH 环境变量中:

```
$ PATH = % JAVA_HOME % \bin;
```

(3) 设置 CLASSPATH 变量:

```
$ CLASSPATH = .; % JAVA_HOME % \lib\tools.jar; % JAVA_HOME % \lib
```

注意:在两个环境变量的设置中,都包含了一个"."的路径,这个"."代表系统的当前路径,如果没有增加该路径,可能导致运行 Java 程序时,class 文件已在当前路径,但在系统提供的文件中找不到该文件。

3. JDK 测试

(1) 用文本编辑器写一个简单的 Java 程序

```java
public class HelloWorld {
    public static void main(String args[]) {
        System.out.println("Hello World!");
    }
}
```

这个例子就是著名的"Hello World",它的功能就是显示"Hello World"。

注意:该文件名称必须为"HelloWorld. java",大小写也区分。细心的朋友会注意到就是和 public class 后的名字一样的。

（2）编译:在 DOS 命令提示符下执行(注意大小写)

```
javac HelloWorld.java
```

如果正常的话,将生成 HelloWorld. class 文件。

（3）运行:在 DOS 命令提示符下执行(注意大小写)

```
java HelloWorld
```

1.3.2 Tomcat 安装设置

1. Tomcat 下载

Apache Jakarta 项目组开发的基于 GPL 自由软件协议的 JSP 引擎,配合 JDK 就可以搭建起一个最简单的 JSP 试验平台。在 http://tomcat. apache. org/下载版本 7.0.19,下载的文件为 apache - tomcat - 7.0.19 - windows - x86. zip。

2. 安装 Tomcat

直接解压 apache - tomcat - 7.0.19 - windows - x86. zip 文件,双击 startup. bat 文件,启动 Tomcat。启动 Tomcat 之后,打开浏览器,在地址栏输入 http://localhost:8080,然后按回车键,浏览器出现如图 1 - 3 所示界面,即表示 Tomcat 安装成功。

图 1 - 3　Tomcat 启动

3. Tomcat 基本配置

Tomcat 作为一个 Web 服务器,默认的服务端口是 8080,但该端口完全可以自己控制。虽然 Tomcat 是免费的 Web 服务器,但也提供了两个图形界面的控制台。用户可以使用控制台方便地部署 Web 应用、配置数据源及监控服务器中的 Web 应用等。下面介绍如何修改 Tomcat 的 Web 服务端口,并进入其控制台来部署 Web 应用。

(1) 修改端口

Tomcat 的配置文件都放在 conf 路径下,控制端口的配置文件也放在该路径下。打开 conf 下的 server.xml 文件,务必使用记事本或 Linux Vim 等无格式的编辑器,不要使用如写字板等有格式的编辑器。在 server.xml 文件的看到如下代码:

```
<Connector port = "8080" protocol = "HTTP /1.1"
        connectionTimeout = "20000"
        redirectPort = "8443" />
```

其中 port="8080",就是 Tomcat 提供 Web 服务的端口。将 8080 修改成任意的端口,建议使用 1000 以上的端口,避免与公用端口冲突。笔者将该处修改为 8117,即 Tomcat 的 Web 服务的提供端口为 8117。修改成功后,重新启动 Tomcat,在浏览器中输入 http://localhost:8117,回车将再次看到如图 1-4 所示的界面,即显示 Tomcat 安装成功的界面。

图 1-4　Tomcat 界面

(2) 部署 Web 应用

在 Tomcat 中部署 Web 应用的方式非常多,主要有如下方式:

① 使用控制台部署。

② 利用 Tomcat 的自动部署。

③ 修改 server. xml 文件部署 Web 应用。

④ 增加用户的 Web 部署文件。

通过控制台的部署方式实质上和修改 server. xml 文件的部署方式相同。所有在控制台做的修改，最终都由服务器转变为修改 server. xml 文件。

自动部署非常简单，只需将 Web 应用复制到 Tomcat 的 webapps 路径下，Tomcat 就会自动加载该 Web 应用。为了避免复制 Web 应用，只需简单地修改一个配置文件即可。进入 Tomcat 的 conf\Catalina\localhost 路径下，修改 Server. xml 文件，其中，每个 Context 元素都对应一个 Web 应用，该元素的 path 属性确定 Web 应用的虚拟路径，而 docBase 则是 Web 应用的文档路径。假如 E:/webroot 是一个 Web 应用，若想将该应用部署在/test 虚拟路径下，只需将该文件的内容作如下修改：

```
<! -- 部署一个 Web 应用,其中 path 是 Web 应用虚拟路径,而 docBase 是 Web 应用的
文档路径-->
<Context path = " /test" docBase = "e: /webroot" debug = "0" privileged = "true">
</Context>
```

1.3.3 Eclipse 的安装与设置

Eclipse 是一个开放源代码的、基于 Java 的可扩展开发平台。就其本身而言，它只是一个框架和一组服务，用于通过插件组件构建开发环境。幸运的是，Eclipse 附带了一个标准的插件集，包括 Java 开发工具(Java Development Kit,JDK)。MyEclipse 是一个十分优秀的用于开发 Java、J2EE 的 Eclipse 插件集合，MyEclipse 的功能非常强大，支持也十分广泛，尤其是对各种开源产品的支持十分不错。MyEclipse 目前支持 Java Servlet、JSP、JSF、Struts、Spring、Hibernate、EJB3、JDBC 数据库链接工具等多项功能。可以说 MyEclipse 几乎包括了目前所有主流开源产品的专属 Eclipse 开发工具。为了提升初学者进一步掌握开源工具的能力，本书使用开源的 Eclipse 作为 Java EE 开发平台。Eclipse 是绿色软件，下载解压后就可以运行。

当然，使用 Eclipse 开发 Java EE 程序，需要对 Tomcat 进行配置。配置过程如下：

选择【Window】→【Preferences】→【Servers】→【Run Environment 】菜单项，如图 1 - 5 所示。

接着单击右边的【Add】按钮，选择【Apache Tomcat v7. 0】，再单击【Browse】按钮，选择 Tomcat 在本机的安装路径，如" D:\software\apache-tomcat-7. 0. 19"，如图 1 - 6 所示。

单击【Finish】按钮，则 Tomcat 配置成功。

图 1-5　Runtime Environment 选项

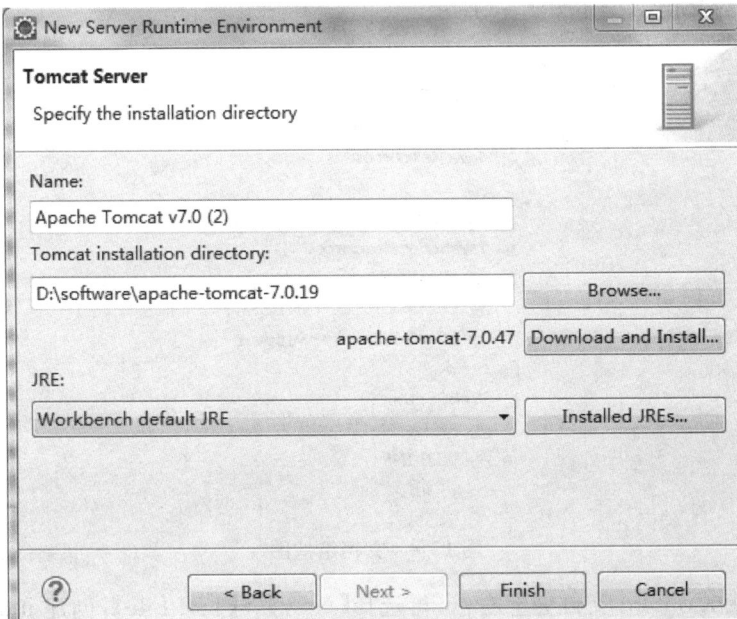

图 1-6　选择安装路径

1.4 应用实例

打开 Eclipse 程序,新建一个 Dynamic Web Project,如图 1-7 所示。

图 1-7 Eclipse 新建 Project

项目生成后文档结构如图 1-8 所示。

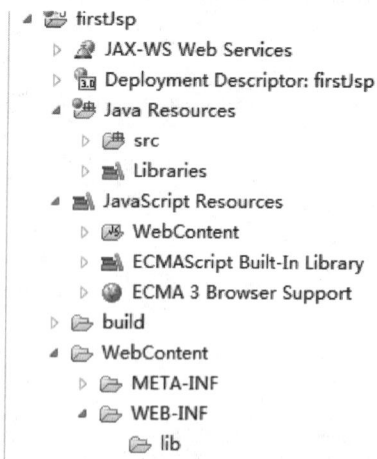

图 1-8 文档结构图

接着在 WebContent 文件夹上右击,再选择【New】→【JSP File】,创建 index. jsp 文件,并添加相应内容,如图 1-9 所示。

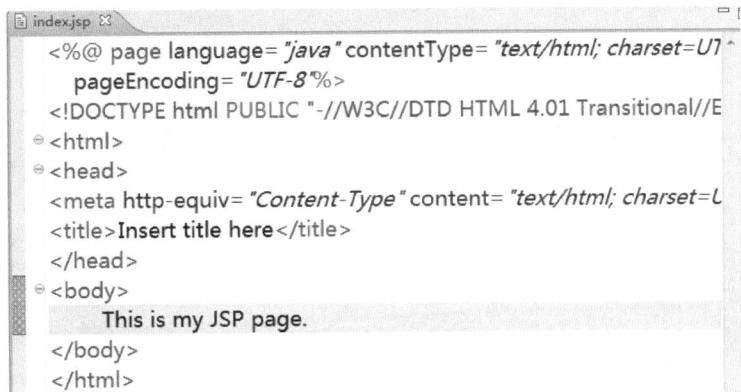

图 1 - 9　添加内容

接着把项目 fristJsp 部署到 tomcat 中,单击工具栏中的【Deploy】按钮,如图 1 - 10 所示。

图 1 - 10　显示效果

接着,在 Servers 面板中启动 tomcat。最终,打开 IE 浏览器,在地址栏输入"http://localhost:8080/firstJsp",看到如图 1 - 11 所示结果,表示项目部署运行成功。

图 1 - 11　显示效果

巩固练习

1. 根据不同应用领域将 Java 语言分为哪三大平台?
2. 简述 Java EE 主流开发框架的特点。
3. 下载安装 JDK、Tomcat 并设置。
4. Eclipse 中配置 Tomcat 和 JDK。

【微信扫码】
习题解答 & 相关资源

第2章 Web 编程基础

学习目标

1. 了解并掌握 HTML 语言的基本概念
2. 了解并掌握 JavaScript 语言的基本概念和使用
3. 了解并掌握 jQuery 的基本概念
4. 了解并掌握 HTML5 语言的基本概念

在学习 Java EE 相关知识并进行开发之前,应该首先掌握一些 Web 编程的基础知识,因为这些知识是学习 Java EE 的必备基础。

2.1 HTML 语言

2.1.1 HTML 基本概念

HTML 的英文全称是 Hyper Text MarkUp Language,中文叫作"超文本标记语言"。和一般文本不同的是,一个 HTML 文件不仅包含文本内容,还包含一些 Tag,中文称"标记"。一个 HTML 文件的后缀名是. htm 或者是. html。用文本编辑器就可以编写 HTML 文件。

HTML 示例:

```
<HTML>
    <HEAD>
        <TITLE>一个简单的 HTML 示例</TITLE>
    </HEAD>
    <BODY>
        <CENTER>
            <H3>欢迎光临</H3>
            <BR>
            <HR>
        <FONT SIZE = 2>HTML 文本结构的展示!</FONT>
        </CENTER>
    </BODY>
</HTML>
```

文件的显示效果如图 2-1 所示。

图 2-1　HTML 示例

2.1.2　HTML 的标签

(1) <html>标识文档的开始,</html>标识文档的结束,必须一起使用。

(2) <head>和</head>构成开头,标志之间可使用<title></title>、<script></script>等标志,这些标志对都是描述 HTML 文档相关信息的标志对,之间内容不会显示出来。但是这并不表示这些信息没有用处。比如你可以在 Head 信息里加上一些关键词,有助于搜索引擎能够搜索到你的网页。

(3) <body></body>是 HTML 文档的主体部分,在此标志对之间可包含<p>、</p>、<h1>、</h1>、
、<hr>等等众多的标志,它们所定义的内容会显示出来。HTML 文件会自动截去多余的空格。不管你加多少空格,都被看作一个空格。一个空行也被看作一个空格。有些 Tag 能够将文本自成一段,而不需要使用<p></p>来分段。比如<h1></h1>之类的标题 Tag。

(4) <title></title>是浏览器窗口最上边蓝色部分的文本信息,其只能放在<head></head>标志对之间。

2.1.3　表格与框架

1. 表格的基本结构

(1) <table>...</table>　定义表格

(2) <caption>...</caption>　定义标题

(3) <tr>　定义表行

(4) <th>　定义表头

（5）<td>　　定义表元（表格的具体数据）

2. 表格举例

```
<html>
    <head>
        <title>table</title>
    </head>
    <body>
        <table border = "2" bgcolor = "aqua">
            <tr>
                <th bgcolor = "ffaa00">彩电</th>
                <th bgcolor = "Red">冰箱</th>
                <th rowspan = "2">家电</th>
            </tr>
            <tr bgcolor = "yellow">
                <td>A</td><td>B</td>
            </tr>
        </table>
    </body>
</html>
```

效果如图 2-2 所示。

图 2-2　HTML 表格

3. 表单的常用控件

表单的常用控件如表 2-1 所示。

表 2-1　表单常用控件

表单控件（Form Controls）	说　明
input type＝"text"	单行文本输入框
input type＝"submit"	将表单（Form）里的信息提交给表单里 action 所指向的文件

・14・

表单控件(Form Controls)	说明
input type="checkbox"	复选框
input type="radio"	单选框
select	下拉框
textarea	多行文本输入框
input type="password"	密码输入框(输入的文字用＊表示)

4. 表单举例

```
<html>
    <head><title>输入用户姓名</title></head>
    <body>
        <form action = "http://www.blabla.cn/asdocs/html_tutorials/yourname.
asp" method = "get">
            请输入你的姓名:
            <input type = "text" name = "yourname"/>
            <input type = "submit" value = "提交"/>
        </form>
    </body>
</html>
```

效果如图 2-3 所示。

图 2-3　HTML 表单

2.2 JavaScript 语言

2.2.1 JavaScript 简介

JavaScript 是一种基于对象（Object）和事件驱动（Event Driven）并具有安全性能的脚本语言。使用它的目的是与 HTML 超文本标记语言一起实现在客户端与 Web 客户交互作用，从而可以开发客户端的应用程序。它嵌入在标准的 HTML 语言中，弥补了 HTML 语言的缺陷，它具有以下几个特点：

● 脚本编写语言

JavaScript 是一种脚本语言，它采用小程序段的方式编程。像其他脚本语言一样，JavaScript 同样是一种解释性语言，开发过程比较容易。它的基本结构形式与 C、C++、VB、Delphi 十分类似，但它不像这些语言一样需要先编译，而是在程序运行过程中被逐行地解释。它与 HTML 标识结合在一起，从而方便用户的使用操作。

● 基于对象的语言

JavaScript 是一种基于对象的语言，某种程度也可以看作一种面向对象的语言，这意味着它能运用自己已经创建的对象。因此，许多功能可以来自于脚本环境中对象的方法与脚本的相互作用。

● 简单性

JavaScript 的简单性主要体现在：首先它是一种基于 Java 基本语句和控制流之上的简单而紧凑的设计，从而对于学习 Java 是一种非常好的过渡。其次它的变量类型是弱类型，并未使用严格的数据类型。

● 安全性

JavaScript 是一种安全性语言，它不允许访问本地的硬盘，并不能将数据存入到服务器上，不允许对网络文档进行修改和删除，只能通过浏览器实现信息浏览或动态交互，从而有效地防止数据的丢失。

● 动态性

JavaScript 是动态的，它可以直接对用户或客户输入做出响应，无须经过 Web 服务端程序。它对用户的反映响应，是采用以事件驱动的方式进行的。所谓事件驱动，就是指在主页（Home Page）中执行了某种操作所产生的动作，就称为"事件"（Event）。比如按下鼠标、移动窗口、选择菜单等都可以视为事件。当事件发生后，可能会引起相应的事件响应。

● 跨平台性

JavaScript 依赖于浏览器本身，与操作环境无关，只要一台能运行浏览器的计算机，且浏览器支持 JavaScript 就可正确执行。从而实现了"编写一次，到处运行"的梦想。但由于不同浏览器对 JavaScript 的解释并不完全一样，所以 JavaScript 代码也是有兼容性问题的。

实际上 JavaScript 最杰出之处在于可以用很小的程序做大量的事。无须有高性能的电脑，软件仅需一个字处理软件及一个浏览器，无须 Web 服务器通道，通过电脑即可完成所有的事情。

综合所述 JavaScript 是一种新的脚本语言，它可以被嵌入到 HTML 的文件之中。

JavaScript 语言可以做到回应使用者的需求事件（如：form 的输入），而不用任何的网络来回传输资料，所以当一位使用者输入一项资料时，它不用经过上传给伺服端（Server）处理再回传的过程，而直接可以被客户端（Client）的应用程式所处理。

2.2.2　JavaScript 和 Java 的区别

JavaScript 和 Java 很类似，但并不一样！Java 是一种比 JavaScript 更复杂许多的程式语言，而 JavaScript 则是相当容易了解的语言。JavaScript 创作者可以不那么注重程式技巧，所以许多 Java 的特性在 Java Script 中并不能体现。

虽然 JavaScript 与 Java 有紧密的联系，但却是两个公司开发的不同的两个产品。Java 是 SUN 公司推出的新一代面向对象的程序设计语言，特别适合于 Internet 应用程序开发，Java 的前身是 Oak 语言；而 JavaScript 是 Netscape 公司的产品，当初其目的是为了扩展 Netscape Navigator 功能，而开发的一种可以嵌入 Web 页面中的基于对象和事件驱动的解释性语言，它的前身是 Live Script。下面对两种语言间的异同作如下比较：

● 基于对象和面向对象

Java 是一种真正的面向对象的语言，即使是开发简单的程序，必须设计对象。JavaScript 是一种脚本语言，它可以用来制作与网络无关的、与用户交互作用的复杂软件。它是一种基于对象（Object Based）和事件驱动（Event Driver）的编程语言。因而它本身提供了非常丰富的内部对象供设计人员使用。

● 解释和编译

两种语言在其浏览器中所执行的方式不一样。Java 的源代码在传递到客户端执行之前，必须经过编译，因而客户端上必须具有相应平台上的仿真器或解释器，它可以通过编译器或解释器实现独立于某个特定的平台编译代码的束缚。JavaScript 是一种解释性编程语言，其源代码在发往客户端执行之前不需经过编译，而是将文本格式的字符代码发送给客户端由浏览器解释执行。

● 强变量和弱变量

两种语言所采取的变量定义模式是不一样的。Java 采用强类型变量检查，即所有变量在编译之前必须作声明。如：

```
Integer x;String y;
x = 1234;y = 4321;
```

其中 x＝1234 说明是一个整数，y＝4321 说明是一个字符串。

JavaScript 中变量声明，采用其弱类型。即变量在使用前不需作声明，而是解释器在运行时检查其数据类型，如：

```
x = 1234;    y = "4321";
```

前者说明 x 为其数值型变量，而后者说明 y 为字符型变量。

● 代码格式不一样

Java 是一种与 HTML 无关的格式，必须通过像 HTML 中引用外媒体那样进行装载，其代码以字节代码的形式保存在独立的文档中。JavaScript 的代码是一种文本字符格式，可以直接嵌入 HTML 文档中，并且可动态装载。编写 HTML 文档就像编辑文本文件一样方便。

● 静态联编和动态联编

Java 采用静态联编，即 Java 的对象引用必须在编译时的进行，以使编译器能够实现强类型检查。JavaScript 采用动态联编，即 JavaScript 的对象引用在运行时进行检查。

下面我们通过一个例子，编写第一个 JavaScript 程序。通过它可说明 JavaScript 的脚本是怎样被嵌入到 HTML 文档中的。javascriptdemo.html 文档代码如下：

```html
<html>
  <head>
    <script Language = "JavaScript">
    // JavaScript Appears here.
    alert("这是第一个 JavaScript 例子!");
    alert("欢迎你进入 JavaScript 世界!");
    alert("今后我们将共同学习 JavaScript 知识!");
    </script>
  </head>
</html>
```

在 chrome 中运行行后的结果见图 2-4 所示。

图 2-4　javascriptdemo.htm 运行结果

说明：javascriptdemo.html 是 HTML 文档，其标识格式为标准的 HTML 格式。如同 HTML 标识语言一样，JavaScript 程序代码是一些可用字处理软件浏览的文本，它在描述页面的 HTML 相关区域出现。JavaScript 代码由 <script Language = "JavaScript">...</script>说明。在标识<script Language = "JavaScript">...</script>之间就可加入 JavaScript 脚本。alert()是 JavaScript 的窗口对象方法，其功能是弹出一个具有 OK 对话框并显示()中的字符串。通过<! — ...//一>标识说明。若不认识 JavaScript 代码的浏览器，则所有在其中的标识均被忽略；若认识，则执行其结果。使用注释这是一个好的编程习惯，它使其他人可以读懂你的程序。JavaScript 以 </Script> 标签结束。从上面的实例分析中我们可以看出，编写一个 JavaScript 程序确实是非常容易的。

2.2.3　JavaScript 基本数据结构

JavaScript 脚本语言同其他语言一样，有它自身的基本数据类型、表达式和算术运算符以及程序的基本框架结构。JavaScript 提供了四种基本的数据类型用来处理数字和文字，而变量提供存放信息的地方，表达式则可以完成较复杂的信息处理。

1. 基本数据类型

JavaScript 中四种基本的数据类型包括:数值(整数和实数)、字符串型(用""号或''括起来的字符或数值)、布尔型(使 True 或 False 表示)和空值。在 JavaScript 的基本类型中的数据可以是常量,也可以变量。由于 JavaScript 采用弱类型的形式,因而一个数据的变量或常量不必首先作声明,而是在使用或赋值时确定其数据类型的。当然也可以先声明该数据的类型,它是通过在赋值时自动说明其数据类型的。

2. 常量

● 整型常量

JavaScript 的常量通常又称字面常量,它是不能改变的数据。其整型常量可以使用十六进制、八进制和十进制表示其值。

● 实型常量

实型常量是由整数部分加小数部分表示,如 12.32、193.98。可以使用科学或标准方法表示:5E7、4e5 等。

● 布尔值

布尔常量只有两种状态:True 或 False。它主要用来说明或代表一种状态或标志,以说明操作流程。它与 C 是不一样的,C 可以用 1 或 0 表示其状态,而 JavaScript 只能用 True 或 False 表示其状态。

● 字符型常量

使用单引号(')或双引号(")括起来的一个或几个字符。如 "This is a book of JavaScript "、"3245"、"ewrt234234" 等。

● 空值

JavaScript 中有一个空值 null,表示什么也没有。如试图引用没有定义的变量,则返回一个 null 值。

● 特殊字符

同 C 语言一样,JavaScript 中同样有以反斜杠(/)开头的不可显示的特殊字符。通常称为控制字符。

3. 变量

变量的主要作用是存取数据,提供存放信息的容器。对于变量必须明确变量的命名、变量的类型、变量的声明及变量的作用域。

● 变量的命名

JavaScript 中的变量命名同其计算机语言非常相似,这里要注意以下两点:

A. 必须是一个有效的变量,即变量以字母开头,中间可以出现数字如 test1、text2 等。除下划线(—)作为连字符外,变量名称不能有空格、(+)、(—)、(,)或其他符号。

B. 不能使用 JavaScript 中的关键字作为变量。在 JavaScript 中定义了 40 多个类键字,这些关键是 JavaScript 内部使用的,不能作为变量的名称。如 var、int、double、true 不能作为变量的名称。

在对变量命名时,最好把变量的意义与其代表的意思对应起来,以免出现错误。

● 变量的类型

JavaScript 中,变量可以用命令 var 作声明:var mytest,该例子定义了一个 mytest 变量。但没有赋予它的值。var mytest="This is a book",该例子定义了一个 mytest 变量,同时赋予了它的值。

在JavaScript中,变量可以不作声明,而在使用时再根据数据的类型来确定其变量的类型。如:x=100、y="125"、xy= True、cost=19.5等,其中x整数,y为字符串,xy为布尔型,cost为实型。

● 变量的声明及其作用域

JavaScript变量可以在使用前先作声明,并可赋值。通过使用var关键字对变量作声明。对变量作声明的最大好处就是能及时发现代码中的错误。因为JavaScript是动态编译的,而动态编译不容易发现代码中的错误,特别是变量命名的方面。对于变量还有一个重要属性——变量的作用域,在JavaScript中同样有全局变量和局部变量。全局变量是定义在所有函数体之外,其作用范围是整个文件;而局部变量是定义在函数体之内,只对其该函数是可见的,而对其他函数则是不可见的。

2.2.4 表达式和运算符

1. 表达式

在定义完变量后,就可以对它们进行赋值、改变、计算等一系列操作,这一过程通常又由表达式来完成,可以说它是变量、常量、布尔及运算符的集合,因此表达式可以分为算术表达式、字串表达式、赋值表达式以及布尔表达式等。

2. 运算符

运算符是完成操作的一系列符号,在JavaScript中有算术运算符,如+、-、*、/等;有比较运算符如!=、==等;有逻辑布尔运算符如!(取反)、|、||;有字串运算如+ 、+=等。JavaScript主要有双目运算符和单目运算符。其双目运算符由下列组成:

操作数1 运算符 操作数2

即由两个操作数和一个运算符组成。如50+40、"This"+"that"等。单目运算符只需一个操作数,其运算符可在前或后。

● 算术运算符

JavaScript中的算术运算符有单目运算符和双目运算符。双目运算符包括:+(加) 、-(减)、*(乘)、/(除)、%(取模) 、|(按位或)、&(按位与)、<<(左移)、>>(右移)、>>>(右移,零填充)。单目运算符包括:-(取反)、~(取补)、++(递加1)、-(递减1)。

● 比较运算符

比较运算符它的基本操作过程是,首先对它的操作数进行比较,尔后再返回一个True或False值,有8个比较运算符:<(小于)、>(大于)、<=(小于等于)、>=(大于等于)、==(等于)、!=(不等于)。

● 布尔逻辑运算符

在JavaScript中增加了几个布尔逻辑运算符:!(取反)、&=(与之后赋值)、&(逻辑与)、|=(或之后赋值)、|(逻辑或)、∧=(异或之后赋值)、∧(逻辑异或)、?:(三目操作符)、||(或)、==(等于)、|=(不等于)。其中三目操作符主要格式如下:

操作数?结果1:结果2

若操作数的结果为真,则表述式的结果为结果1,否则为结果2。

下面的marqueedemo.htm文件代码实现了一个跑马灯效果,具体代码如下:

```
<title>marqueedemo</title>
    <script Language = "JavaScript">
        var msg = "这是一个跑马灯效果的 JavaScript 文档";
        var interval = 100;
        var spacelen = 120;
        var space10 = " ";
        var seq = 0;
        function scroll() {
            len = msg.length;
            window.status = msg.substring(0, seq+ 1);
            seq++;
            if ( seq >= len ) {
                    seq = spacelen;
                    window.setTimeout("scroll2();", interval );
            }
            else
                    window.setTimeout("scroll();", interval );
        }
        function scroll2() {
            var out = "";
            for (i = 1; i< = spacelen /space10.length; i++)
            out + = space10;
            out = out + msg;
            len = out.length;
            window.status = out.substring(seq, len);
            seq++;
            if ( seq >= len ) {
                    seq = 0;
            };
            window.setTimeout("scroll2();", interval );
        }
        scroll();
    </script>
```

这个实例在 IE 浏览器下测试正常。

JavaScript 脚本语言的基本构成是由控制语句、函数、对象、方法、属性等来实现编程的,它的结构与 C 语言基本一样,这里就不再介绍。

通常在进行一个复杂的程序设计时,总是根据所要完成的功能,将程序划分为一些相对独立的部分,每个部分编写一个函数。从而,使各部分充分独立,任务单一,程序清晰,易懂、易读、易维护。JavaScript 函数可以封装那些在程序中可能要多次用到的模块,并可作为事件驱动的结果而被调用,从而实现一个函数把它与事件驱动相关联。JavaScript 函数定义格式如下：

```
function 函数名 (参数,变元){ 函数体;. Return 表达式; }
```

说明：函数由关键字 Function 定义。函数名：定义自己函数的名字。参数表，是传递给函数使用或操作的值，其值可以是常量、变量或其他表达式。通过指定函数名（实参）来调用一个函数，必须使用 Return 将值返回，函数名对大小写是敏感的。

2.2.5　事件驱动及事件处理

1. 基本概念

JavaScript 是基于对象（object-based）的语言，这与 Java 不同，Java 是面向对象的语言。而基于对象语言的基本特征就是采用事件驱动（Event-Driven）。它是在图形界面的环境下，使得一切输入变化简单化。通常鼠标或热键的动作我们称之为事件（Event），而由鼠标或热键引发的一连串程序的动作，称之为事件驱动（Event Driver），而对事件进行处理程序或函数，我们称之为事件处理程序（Event Handler）。

2. 事件处理程序

在 JavaScript 中对象事件的处理通常由函数（Function）担任。其基本格式与函数全部一样，可以将前面所介绍的所有函数作为事件处理程序。格式如下：

```
function 事件处理名(参数表){事件处理语句集;        }
```

3. 事件驱动

JavaScript 事件驱动中的事件是通过鼠标或热键的动作引发的。它主要有以下几个事件：

● 单击事件 onClick

当用户单击鼠标按钮时，产生 onClick 事件，同时 onClick 指定的事件处理程序或代码将被调用执行。通常在下列基本对象中产生：button（按钮对象）、checkbox（复选框）或（检查列表框）radio（单选钮）、reset buttons（重要按钮）、submit buttons（提交按钮）。例：可通过下列按钮激活 change()文件：

```
<form><input type = "button" Value = " "  onClick = "change()"> </form>
```

在 onClick 等号后，可以使用自己编写的函数作为事件处理程序，也可以使用 JavaScript 中内部的函数，还可以直接使用 JavaScript 的代码等。例：

```
<input type = "button" value = " " onclick = alert("这是一个例子");
```

● onChange 改变事件

当利用 text 或 texturea 元素输入字符值改变时发该事件，同时当在 select 表格项中一个选项状态改变后也会触发该事件。例：

```
<form>
    <input type = "text" name = "Test" value = "Test" onCharge = "check('this.
test)">
</form>
```

● 选中事件 onSelect

当 text 或 textarea 对象中的文字被加亮后，引发该事件。

● 获得焦点事件 onFocus

当用户单击 text 或 textarea 以及 select 对象时,产生该事件。此时该对象成为前台对象。

● 失去焦点 onBlur

当 text 对象或 textarea 对象以及 select 对象不再拥有焦点而退到后台时,引发该文件,它与 onFocas 事件是一个对应的关系。

● 载入文件 onLoad

当文档载入时,产生该事件。onLoad 一个作用就是在首次载入一个文档时检测 cookie 的值,并用一个变量为其赋值,使它可以被源代码使用。

● 卸载文件 onUnload

当 Web 页面退出时引发 onUnload 事件,并可更新 Cookie 的状态。

范例 1:下例程序是一个自动装载和自动卸载的例子。即当装入 HTML 文档时调用 loadform()函数,而退出该文档进入另一 HTML 文档时则首先调用 unloadform()函数,确认后方可进入。test2-1.htm 代码如下:

```
<HEAD>
<meta charset = "GB18030">
  <script Language = "JavaScript">
      <! --  function loadform(){  alert("这是一个自动装载例子!"); }
      function unloadform(){ alert("这是一个卸载例子!"); }
      // -->
  </Script>
</HEAD>
<BODY OnLoad = "loadform()" OnUnload = "unloadform()">
  <a href = "test3.htm">调用</a>
</BODY>
```

代码运行结果如图 2-5 所示。

图 2-5　范例 1 运行结果

范例 2:这是一个获取浏览器版本号的程序。该程序首先显示一个波浪提示信息,之后显示浏览器的版本号有关信息。test2-2.htm 具体代码如下:

```html
<title>javascriptdemo2</title>
<script language = "JavaScript">
<! -- // -->
    function makeArray(n){//设定对象长度
        this. length = n;
        return this;
    }
    function hexfromdec(num) {
        hex = new makeArray(1);
        var hexstring = "";
        var shifthex = 16;
        var temp1 = num;
        for(x = 1; x >= 0; x --) {
            hex[x] = Math. round(temp1 /shifthex - .5);
            hex[x-1] = temp1 - hex[x] * shifthex;
            temp1 = hex[x-1];
            shifthex /= 16;
        }
        for (x = 1; x >= 0; x --) {
            hexstring + = getletter(hex[x]);//调用 getletter 方法进行换算
        }
        return (hexstring);
    }
    function getletter(num) { //把数字换算成字符从而设定颜色
        if (num < 10) { return num; }
        else {
            if (num = = 10) { return "A" }
            if (num = = 11) { return "B" }
            if (num = = 12) { return "C" }
            if (num = = 13) { return "D" }
            if (num = = 14) { return "E" }
            if (num = = 15) { return "F" }
        }
    }
    function rainbow(text){
        var color_d1;
```

```javascript
        var allstring = "";
        for(i = 0; i<text.length; i = i + 2){
            color_d1 = 255 * Math.sin(i /(text.length /3));
            color_h1 = hexfromdec(color_d1); // 调用 hexfromdec 方法设定颜色
            allstring += "<FONT COLOR = "+ color_h1 +"ff"+ color_h1 +">"+
text.substring(i, i+ 2)+"</FONT>";
        }
        return allstring;
    }
    function sizefont(text){
        var color_d1;
        var allstring = "";
        var flag = 0;
        for(i = 0, j = 0; i<text.length; i = i+ 1){
            if (flag = = 0) {
                j++;
                if (j> = 7) { flag = 1;}
            }
            if (flag = = 1) {
                j = j - 1;
                if (j< = 0) { flag = 0; }
            }
            allstring += "<FONT SIZE = "+ j + ">" + text.substring(i, i+ 1)
+ "</FONT>";
        }
        return allstring;
    }
    document.write("<font size = 8><CENTER>");
    document.write("<BR>");
    // 调用 sizefont 方法设定文字字体大小
    document.write(sizefont("这是一个获取 WEB 浏览器的程序"));
    document.write("<BR>");
    // 调用 rainbow 方法设定文字字体颜色
    document.write(rainbow("这是一个获取 WEB 浏览器的程序"));
    document.write("</CENTER></font>");
    document.write("浏览器名称: "+ navigator.appName +"<br>");
    document.write("版本号: "+ navigator.appVersion +"<br>");
    document.write("代码名字: "+ navigator.appCodeName +"<br>");
    document.write("用户代理标识: "+ navigator.userAgent);
```

```
    </script>
</head>
```

运行结果如图 2-6 所示。

图 2-6 范例 2 运行结果

2.2.6 基于对象的 JavaScript 语言

JavaScript 语言是基于对象的(Object-Based)，而不是面向对象的(Object-Oriented)。之所以说它是一门基于对象的语言，主要是因为它没有提供像抽象、继承、重载等有关面向对象语言的许多功能。而是把其他语言所创建的复杂对象统一起来，从而形成一个非常强大的对象系统。虽然 JavaScript 语言是基于对象的，但它还是具有一些面向对象的基本特征。它可以根据需要创建自己的对象，从而进一步扩大 JavaScript 的应用范围，增强编写功能强大的 Web 文档。

（1）对象的基本结构

JavaScript 中的对象是由属性(properties)和方法(methods)两个基本的元素的构成的。前者是指对象在实施其所需要行为的过程中，实现信息的装载单位，从而与变量相关联；后者是指对象能够按照设计者的意图被执行，从而与特定的函数关联。

（2）引用对象的途径

一个对象要真正地被使用，可采用以下几种方式获得：

● 引用 JavaScript 内部对象；

● 由浏览器环境中提供；

● 创建新对象。

这就是说一个对象在被引用之前，这个对象必须存在，否则引用将毫无意义，而出现错误信息。从上面中我们可以看出 JavaScript 引用对象可通过三种方式获取。要么创建新的对象,要么利用现存的对象。

（3）有关对象操作语句

JavaScript 不是一纯面向对象的语言,它设有提供面向对象语言的许多功能,因此 JavaScript 设计者之所以把它作为"基于对象"而不是面向对象的语言,在 JavaScript 中提供了几个用于操作对象的语句和关键字及运算符。

① for...in 语句,格式如下:

```
for(变量 in 对象)
```

说明:
● "变量"用来指定变量,指定的变量可以是数组元素,也可以是对象的属性。
● 该语句的功能是用于对已知对象的所有成员进行操作的控制循环。它是将一个已知对象的所有成员反复置给一个变量,而不是使用计数器来实现的。
● 该语句的优点就是无需知道对象中属性的个数即可进行操作, 例:下列函数是显示数组中的内容:

```
function showData(object) for (var X = 0; X<30; X ++) document.write(object
[i]);
```

该函数是通过数组下标顺序值,来访问每个对象的属性,使用这种方式首先必须知道数组的下标值,否则若超出范围,则会发生错误。而使用 for...in 语句,则根本不需要知道对象属性的个数,代码如下:

```
function showData(object) for(var prop in object) document.write(object[prop]);
```

使用该函数时,在循环体中,for 自动将的属性取出来,直到最后为此。

test2-3 实例代码如下:

```
<html>
<head>
<meta charset = "GB18030">
<title>for in </title>
<script type = "text /javascript">
    var x
    var mycars = new Array()
    mycars[0] = "Saab"
    mycars[1] = "Volvo"
    mycars[2] = "BMW"
    for (x in mycars)
    {
        document.write(mycars[x] + "<br />")
    }
</script>
</head>
```

```
<body>
</body>
</html>
```

② with 语句

基本语法如下：

```
with (expression) statement;
```

使用该语句的意思是：在该语句体内，任何对变量的引用被认为是这个对象的属性，以节省一些代码。with object{ ... }所有在 with 语句后花括号中的语句，都是在 object 对象的作用域中的。

使用 with 关键字的目的是简化多次编写访问同一对象的工作，比如下面的例子：

```
var qs = location.search.substring(1);
var hostName = location.hostname;
var url = location.href;
```

这几行代码都是访问 location 对象中的属性，如果使用 with 关键字的话，可以简化代码如下：

```
with (location){
    var qs = search.substring(1);
    var hostName = hostname;
    var url = href;
}
```

在这段代码中，使用了 with 语句关联了 location 对象，这就意味着在 with 代码块内部，每个变量首先被认为是一个局部变量，如果局部变量与 location 对象的某个属性同名，则这个局部变量会指向 location 对象属性。

注意：在严格模式下不能使用 with 语句。

前面的基本说明中，我们可以看到 with 的作用之一是简化代码。但是为什么不推荐使用呢？下面我们来说说 with 的缺点：

- 性能问题
- 语义不明，调试困难

③ this 关键字

this 是对当前的引用，在 JavaScript 中由于对象的引用是多层次、多方位的，往往一个对象的引用又需要对另一个对象的引用，而另一个对象有可能又要引用另一个对象，这样有可能造成混乱，最后自己已不知道现在引用的那一个对象，为此 JavaScript 提供了一个用于将对象指定当前对象的语句 this。

④ new 运算符

虽然在 JavaScript 中对象的功能已经是非常强大的了，但更强大的是设计人员可以按照需求来创建自己的对象，以满足某一特定的要求。使用 new 运算符可以创建一个新的对象。其创建对象使用如下格式：

```
newobject = new object(parameters table);
```

其中 new object 创建的新对象；object 是已经存在的对象；parameters table 参数表；new 是 JavaScript 中的命令语句。如创建一个日期新对象：

```
myDate = new Date();
birthday = new Date (myDate.getYear(),myDate.getMonth()+ 1,myDate.getDate());
```

之后，就可使 myDate、birthday 作为一个新的日期对象了。

⑤ 对象属性的引用

对象属性的引用可由下列三种方式之一实现：

● 使用点(.)运算符

```
university.name = "云南省";
university.city = "昆明市";
university.date = "1999";
```

其中 university 是一个已经存在的对象，name、city、date 是它的三个属性，并通过操作对其赋值。

● 通过对象的下标实现引用，如：

```
university[0] = "云南省";
university[1] = "昆明市";
university[2] = "1999";
```

通过数组形式的访问属性，可以使用循环操作获取其值。

```
function showunievsity(object){
    for (var j = 0;j<2; j++)
        document.write(object[j]);
}
```

若采用 for...in 则可以不知其属性的个数后就可以实现：

```
function showmy(object) {
    for (var prop in this)
        docament.write(this[prop]);
}
```

通过字符串的形式实现，具体代码如下：

```
university["name"] = "云南省";
university["city"] = "昆明市";
university["date"] = "1999";
```

⑥ 对象的方法的引用

在 JavaScript 中对象方法的引用是非常简单的，如 ObjectName.methods()。实际上

methods()＝functionName 方法实质上是一个函数。如引用 university 对象中的 showmy
（）方法，则可使用：

```
document.write (university.showmy())
```

或

```
document.write(university)
```

如引用 math 内部对象中 cos()的方法 则：

```
with(math){
    document.write(cos(35));
    document.write(cos(80));
}
```

若不使用 with 则引用时相对要复杂些，如：

```
document.write(math.cos(35));
document.write(math.sin(80));
```

JavaScript 为我们提供了一些非常有用的常用内部对象和方法，用户不需要用脚本来
实现这些功能，这正是基于对象编程的真正目的。JavaScript 提供了 string（字符串）、
math（数值计算）和 Date（日期）三种对象和其他一些相关的方法，从而为编程人员快速开
发强大的脚本程序提供了非常有利的条件。在 JavaScript 中对于对象属性与方法的引用
有两种情况：其一是说该对象是静态对象，即在引用该对象的属性或方法时不需要为它
创建实例；而另一种对象则在引用它的对象或方法时必须为它创建一个实例，即该对象
是动态对象。

对 JavaScript 内部对象的引用，以是紧紧围绕着它的属性与方法进行的。因而明确对
象的静动性对于掌握和理解 JavaScript 内部对象是具有非常重要的意义。这方面的内容网
上或很多书籍已经介绍，本书就不再累述。

下面是一个动态文字滚动的例子的 JavaScript 文档，test2－4 文件代码如下：

```
<head>
<meta charset = "GB18030">
<title>loop playback</title>
<script LANGUAGE = "JavaScript">

    <! -- Begin  -->
    function bannerObject(p){
        this.msg = MESSAGE;
        this.out = " ";
        this.pos = POSITION;
        this.delay = DELAY;
```

```javascript
            this.i = 0;
            this.reset = clearMessage
        }
    function clearMessage(){
            this.pos = POSITION;
        }
    var POSITION = 50;
    var DELAY = 150;//重复时间
    var MESSAGE = "这是一个动态 JavaScript 文字显示的例子";
    var scroll = new bannerObject();
    function scroller(){
        scroll.out += " ";
        if(scroll.pos>0)
                for (scroll.i = 0; scroll.i < scroll.pos; scroll.i++) {
                                        //在字符串之前添加 50 个空字符
                    scroll.out += " ";
                }
        if (scroll.pos> = 0)
                scroll.out += scroll.msg
        else
                scroll.out = scroll.msg.substring( - scroll.pos, scroll.msg.
length);
        document.noticeForm.notice.value = scroll.out;
        scroll.out = " ";
        scroll.pos --;
        scroll.pos --;
        if (scroll.pos < - (scroll.msg.length)) {
            scroll.reset(); } setTimeout ('scroller()',scroll.delay);
                                        //循环调用 scroller 方法
        }
</script>
</head>
<body onload = "scroller()" bgcolor = " # 000000" link = " # C0C0C0" vlink = " #
C0C0C0" alink = " # 008080" text = " # C0C0C0">
    <table border = "0" cellspacing = "0" cellpadding = "0">
        <tr>
            <td width = "100 % ">
                <form NAME = "noticeForm">
```

```
                                    <p><input type = "text" name = "notice" size = "
40" style = "background-color: rgb(192,192,192)"></p>
                    </form>
            </td>
        </tr>
    </table>
</body>
```

test2 - 4 文件运行结果如图 2 - 7 所示。

图 2 - 7   test2 - 4 文件运行结果

范例 2：一个时钟显示的 JavaScript 文档，在文档中用了非常多的函数。test2 - 5. htm
代码如下：

```
<title>时钟</title>
<script LANGUAGE = "JavaScript">
    function showClock() { }
    function hideClock() { }
    var timerID = null;
    var timerRunning = false;
    function stopClock() {
        if(timerRunning)
            clearTimeout(timerID);
        timerRunning = false;
        document. clock. face. value = "";
    }
    function showTime() {
        var now = new Date();
        var year = now. getYear();
        var month = now. getMonth() + 1;
        var date = now. getDate();
        var hours = now. getHours();
        var mins = now. getMinutes();
        var secs = now. getSeconds();
        var timeVal = "";
        timeVal + = ((hours < = 12) ? hours : hours - 12);
```

```
            timeVal + = ((mins < 10) ? ":0" : ":") + mins;
            timeVal + = ((secs < = 10) ? ":0" : ":") + secs;
            timeVal + = ((hours < 12) ? "AM" : "PM");
            timeVal + = ((month < 10) ? " on 0" : " on ") + month + " - ";
            timeVal + = date + " - " + year;
            document.clock.face.value = timeVal;
            timerID = setTimeout("showTime()", 1000);
            timerRunning = true;
    }
    function startClock() {
        stopClock();
        showTime();
    }
    function windowOpener( indexnum ){
        var loadpos = "date.html"+"#"+ indexnum;
        controlWindow = window.open(loadpos,"date","toolbar = no,location = no,
directories = no,status = no,menubar = no,scrollbars = yes,resizable = yes, width =
620,height = 400");
        }
 </script>
 </head>
    <body onLoad = "startClock()">
        <p align = "center"><big><span style = "background-color: rgb(255,
2555,45)">
                <font face = "宋体">时钟</font>
            </span></big></p> <p align = "center"> </p>
        <div align = "center">
        <center>
            <table border = "0" cellspacing = "0" cellpadding = "0">
                <tr>
                    <td width = "100 % ">
                        <form NAME = "clock" onSubmit = "0">
                            <div align = "center"><center>
                                <p><input type = "text" NAME =
"face" size = "20" Value style = "background-color: rgb(192,192,192)"> </p>
                                </center>
                            </div>
                        </form>
```

```
                              </td>
                    </tr>
            </table> </center></div>
</body>
```

程序运行结果如图 2－8 所示。

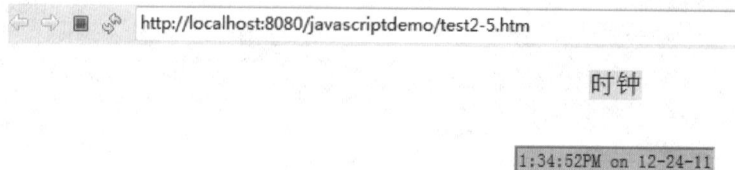
```
http://localhost:8080/javascriptdemo/test2-5.htm

                        时钟

                1:34:52PM on 12-24-11
```

图 2－8　test2－5.htm 文件运行结果

（4）JavaScript 系统对象

使用浏览器的内部对象系统，可与 HTML 文档进行交互。它的作用是将相关元素组织包装起来，提供给程序设计人员使用，从而减轻编程人员的劳动，提高设计 Web 页面的能力。

除了前面提到过的文档 Document 对象外，Navigator 浏览器中还提供了窗口（Window）对象以及历史（History）和位置（Location）对象。浏览器对象（Navigator）提供有关浏览器的信息，窗口对象（Window）处于对象层次的最顶端，它提供了处理 Navigator 窗口的方法和属性。位置对象（Location）提供了与当前打开的 URL 一起工作的方法和属性，它是一个静态的对象。历史对象（History）提供了与历史清单有关的信息。文档对象（Document）包含了与文档元素（Elements）一起工作的对象，它将这些元素封装起来供编程人员使用。

编程人员利用这些对象，可以对 WWW 浏览器环境中的事件进行控制并作出处理。在 JavaScript 中提供了非常丰富的内部方法和属性，从而减轻了编程人员的工作，提高编程效率。这正是基于对象与面向对象的根本区别所在。在这些对象系统中，文档对象属于非常重要的，它位于最低层，但对于我们实现 Web 页面信息交互起作关键作用。因而它是对象系统的核心部分，见表 2－2 所示。

表 2－2　Document 文档对象

Links	Anchor	Form	Method	Prop
链接对象	锚对象	窗体对象	方法	对象

从表 2－2 中可以看出，Document 对象的主要作用就是把这些基本的元素（如 Links，Anchor 等）包装起来，提供给编程人员使用。从另一个角度看，Document 对象中又是由属性和方法组成。

在 Document 中主要有 Links，Anchor，Form 这三个最重要的对象：

Anchor 锚对象：指的是＜A Name＝...＞ ＜/A＞标识在 HTML 源码中存在时产生的对象。它包含着文档中所有的 Anchors 信息。

链接 links 对象：指的是用＜A Href＝...＞ ＜/A＞标记的连接一个超文本或超媒体

的元素作为一个特定的 URL。

窗体(Form)对象:是文档对象的一个元素,它含有多种格式的对象储存信息,使用它可以在 JavaScript 脚本中编写程序进行文字输入,并可以用来动态改变文档的行为。通过 document. forms[]数组来使得在同一个页面上可以有多个相同的窗体,使用 forms[]数组要比使用窗体名字要方便得多。

例:下面就是一个使用窗体数组和窗体名字的例子,该程序使得两个窗体中的字段内容保持一致。test2-6. htm 文件代码如下:

```
<body>
    <fo rm>
        <input type = text onChange = "document. my. elements[0]. value = this.
value;" >
    </form>
    <form NAME = "my">
        <input type = text onChange = "document. forms[0]. elements[0]. value = this.
value;">
    </form>
</body>
```

其中用了 OnChnge 事件(当窗体内容改变时激发),第一个使用窗体名字标识 my,第二个使用窗体数组 Forms[],其效果是一致的。运行结果如图 2-9 所示。

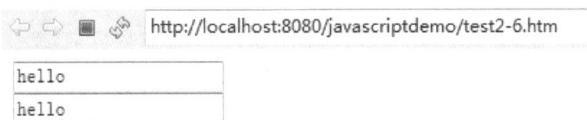

图 2-9   test2-6. htm 文件运行结果

2.3   jQuery 基础

jQuery 是继 prototype 之后又一个优秀的 Javascript 框架。有人使用这样的一比喻来比较 prototype 和 jQuery:prototype 就像 Java,而 jQuery 就像 ruby,虽然大家接触 Java 更多一些,但是 jQuery 的简单的实用的确有相当大的吸引力。

jQuery 使用 $()这个符号代替 document. getElementById()。为达到 document. getElementById()的目的,jQquery 是这样写的:

```
var someElement = $("#myId");
```

jQuery 提供了很多便利的函数,如 each(fn),但是使用这些函数的前提是:使用的对象是 jQuery 对象。使一个 Dom 对象成为一个 jQuery 对象很简单,通过下面一些方式(只是一部分):

```
var a = $ ("#cid");
var b = $ ("<p>hello</p>");
var c = document.createElement("table"); var tb = $ (c);
```

代替 body 标签的 onload 也许是除了 $ ()之外,用得最多的地方了。举例代码如下:

```
<body onload = "alert('hello');">(1)
```

这段代码可以使用 jQuery 实现,效果一致。具体代码如下:

```
$ (document).ready(function(){
    alert("hello");
});(2)
```

上面这段代码也可以在 Javascript 代码实现,代码如下:

```
window. onload = function(   ){alert('hello');};(3)
```

上面三段代码基本等价的,但代码 2 和 3 相对于代码 1 的好处是做到表现和逻辑分离。并且可以在不同的 js 文件中做相同的操作,即 $ (document). ready (fn)可以在一个页面中重复出现,而不会冲突。基本上 jQuery 的很多 plugin 都是利用这个特性,正因为这个特性,多个 plugin 共同使用起来,在初始化时不会发生冲突。

客户端大量使用的事件可能就是 button 的 onclick 了,之前更多习惯在 input 元素上写 onclick = "fn()",使用 jQuery 可以使 javascript 代码与 html 代码分离,保持 HTML 的清洁,还可以很轻松地绑定事件,甚至可以不知道“事件”这个名词。举例代码如下:

```
$ (document).ready(function(){
    $ ("#clear").click(function(){
        alert("i am about to clear the table");
    });
    $ ("form[0]").submit(validate);
});
function validate(){
//do some form validation
}
```

其中,“#clear”和“form[0]”对应着 body 中的某些元素。

通过上面介绍,已经对 jquery 有所了解,下面具体介绍 jQuery 的一些内容。

● jQuery 选择器

jQuery 元素选择器和属性选择器允许通过标签名、属性名或内容对 HTML 元素进行选择。选择器允许对 HTML 元素组或单个元素进行操作,选择器还允许对 DOM 元素组或单个 DOM 节点进行操作。具体选择器如表 2-3 所示。

表 2-3 jQuery 选择器

选择器	实 例	选 取
*	$("*")	所有元素
#id	$("#lastname")	id="lastname" 的元素
.class	$(".intro")	所有 class="intro" 的元素
element	$("p")	所有 <p> 元素
.class.class	$(".intro.demo")	所有 class="intro" 且 class="demo" 的元素
:first	$("p:first")	第一个 <p> 元素
:last	$("p:last")	最后一个 <p> 元素
:even	$("tr:even")	所有偶数 <tr> 元素
:odd	$("tr:odd")	所有奇数 <tr> 元素
:eq(index)	$("ul li:eq(3)")	列表中的第 4 个元素(index 从 0 开始)
:gt(no)	$("ul li:gt(3)")	列出 index 大于 3 的元素
:lt(no)	$("ul li:lt(3)")	列出 index 小于 3 的元素
:not(selector)	$("input:not(:empty)")	所有不为空的 input 元素
:header	$(":header")	所有标题元素 <h1> - <h6>
:animated		所有动画元素
:contains(text)	$(":contains('W3School')")	包含指定字符串的所有元素
:empty	$(":empty")	无子(元素)节点的所有元素
:hidden	$("p:hidden")	所有隐藏的 <p> 元素
:visible	$("table:visible")	所有可见的表格
s1,s2,s3	$("th,td,.intro")	所有带有匹配选择的元素
[attribute]	$("[href]")	所有带有 href 属性的元素
[attribute=value]	$("[href='#']")	所有 href 属性的值等于 "#" 的元素
[attribute!=value]	$("[href!='#']")	所有 href 属性的值不等于 "#" 的元素
[attribute$=value]	$("[href$='.jpg']")	所有 href 属性的值包含 ".jpg" 的元素
:input	$(":input")	所有 <input> 元素
:text	$(":text")	所有 type="text" 的 <input> 元素
:password	$(":password")	所有 type="password" 的 <input> 元素
:radio	$(":radio")	所有 type="radio" 的 <input> 元素
:checkbox	$(":checkbox")	所有 type="checkbox" 的 <input> 元素
:submit	$(":submit")	所有 type="submit" 的 <input> 元素
:reset	$(":reset")	所有 type="reset" 的 <input> 元素

选择器	实 例	选 取
:button	$(":button")	所有 type="button" 的 <input> 元素
:image	$(":image")	所有 type="image" 的 <input> 元素
:file	$(":file")	所有 type="file" 的 <input> 元素
:enabled	$(":enabled")	所有激活的 input 元素
:disabled	$(":disabled")	所有禁用的 input 元素
:selected	$(":selected")	所有被选取的 input 元素
:checked	$(":checked")	所有被选中的 input 元素

- jQuery 事件方法

事件方法会触发匹配元素的事件,或将函数绑定到所有匹配元素的某个事件。触发实例:

```
$("button#demo").click()
```

上面的例子将触发 id="demo" 的 button 元素的 click 事件。绑定实例:

```
$("button#demo").click(function(){ $("img").hide()})
```

上面的例子会在点击 id="demo" 的按钮时隐藏所有图像。具体方法如表 2-4 所示。

表 2-4 jQuery 方法

方 法	描 述
bind()	向匹配元素附加一个或更多事件处理器
blur()	触发,或将函数绑定到指定元素的 blur 事件
change()	触发,或将函数绑定到指定元素的 change 事件
click()	触发,或将函数绑定到指定元素的 click 事件
dblclick()	触发,或将函数绑定到指定元素的 double click 事件
delegate()	向匹配元素的当前或未来的子元素附加一个或多个事件处理器
die()	移除所有通过 live() 函数添加的事件处理程序。
error()	触发,或将函数绑定到指定元素的 error 事件
event.isDefaultPrevented()	返回 event 对象上是否调用了 event.preventDefault()。
event.pageX	相对于文档左边缘的鼠标位置。
event.pageY	相对于文档上边缘的鼠标位置。
event.preventDefault()	阻止事件的默认动作。
event.result	相对于文档上边缘的鼠标位置。
event.target	触发事件的 DOM 元素。
event.timeStamp	该属性返回从 1970 年 1 月 1 日到事件发生时的毫秒数。

方　法	描　述
event. type	描述事件的类型。
event. which	指示按了哪个键或按钮。
focus()	触发，或将函数绑定到指定元素的 focus 事件
keydown()	触发，或将函数绑定到指定元素的 key down 事件
keypress()	触发，或将函数绑定到指定元素的 key press 事件
keyup()	触发，或将函数绑定到指定元素的 key up 事件
live()	触发，或将函数绑定到指定元素的 load 事件
load()	触发，或将函数绑定到指定元素的 load 事件
mousedown()	触发，或将函数绑定到指定元素的 mouse down 事件
mouseenter()	触发，或将函数绑定到指定元素的 mouse enter 事件
mouseleave()	触发，或将函数绑定到指定元素的 mouse leave 事件
mousemove()	触发，或将函数绑定到指定元素的 mouse move 事件
mouseout()	触发，或将函数绑定到指定元素的 mouse out 事件
mouseover()	触发，或将函数绑定到指定元素的 mouse over 事件
mouseup()	触发，或将函数绑定到指定元素的 mouse up 事件
one()	向匹配元素添加事件处理器。每个元素只能触发一次该处理器。
ready()	文档就绪事件（当 HTML 文档就绪可用时）
resize()	触发，或将函数绑定到指定元素的 resize 事件
scroll()	触发，或将函数绑定到指定元素的 scroll 事件
select()	触发，或将函数绑定到指定元素的 select 事件
submit()	触发，或将函数绑定到指定元素的 submit 事件
toggle()	绑定两个或多个事件处理器函数，当发生轮流的 click 事件时执行。
trigger()	所有匹配元素的指定事件
triggerHandler()	第一个被匹配元素的指定事件
unbind()	从匹配元素移除一个被添加的事件处理器
undelegate()	从匹配元素移除一个被添加的事件处理器，现在或将来
unload()	触发，或将函数绑定到指定元素的 unload 事件

jQuery 效果函数如表 2-5 所示。

表 2-5　jQuery 效果函数

方　法	描　述
animate()	对被选元素应用"自定义"的动画
clearQueue()	对被选元素移除所有排队的函数（仍未运行的）

(续表)

方　法	描　述
delay()	对被选元素的所有排队函数(仍未运行)设置延迟
dequeue()	运行被选元素的下一个排队函数
fadeIn()	淡入被选元素至完全不透明
fadeOut()	淡出被选元素至完全不透明
fadeTo()	把被选元素减弱至给定的不透明度
hide()	隐藏被选的元素
queue()	显示被选元素的排队函数
show()	显示被选的元素
slideDown()	通过调整高度来滑动显示被选元素
slideToggle()	对被选元素进行滑动隐藏和滑动显示的切换
slideUp()	通过调整高度来滑动隐藏被选元素
stop()	停止在被选元素上运行动画
toggle()	对被选元素进行隐藏和显示的切换

下面列出的这些方法获得或设置元素的 DOM 属性,这些方法对于 XML 文档和 HTML 文档均是适用的,除了 html()。jQuery 属性操作方法如表 2-6 所示。

表 2-6　jQuery 属性操作方法

方　法	描　述
addClass()	向匹配的元素添加指定的类名。
attr()	设置或返回匹配元素的属性和值。
hasClass()	检查匹配的元素是否拥有指定的类。
html()	设置或返回匹配的元素集合中的 HTML 内容。
removeAttr()	从所有匹配的元素中移除指定的属性。
removeClass()	从所有匹配的元素中删除全部或者指定的类。
toggleClass()	从匹配的元素中添加或删除一个类。
val()	设置或返回匹配元素的值。

下面列出的这些方法设置或返回元素的 CSS 相关属性。jQuery CSS 操作函数如表 2-7所示。

表 2-7　jQuery CSS 操作函数

CSS 属性	描　述
css()	设置或返回匹配元素的样式属性。
height()	设置或返回匹配元素的高度。

CSS 属性	描　　述
offset()	返回第一个匹配元素相对于文档的位置。
offsetParent()	返回最近的定位祖先元素。
position()	返回第一个匹配元素相对于父元素的位置。
scrollLeft()	设置或返回匹配元素相对滚动条顶部的偏移。
scrollTop()	设置或返回匹配元素相对滚动条左侧的偏移。
width()	设置或返回匹配元素的宽度。

jQuery 还有很多函数这里就不一一举例，如 jQuery Ajax 操作函数、jQuery 遍历函数、jQuery 数据存储函数、jQuery 队列控制函数、jQuery 核心函数，读者若用到时可以自行上网查询。

jQuery 是一个"写的更少，但做的更多"的轻量级 JavaScript 库。若要使用 jQuery 时首先需要下载 jQuery 文件并关联到网页。通过下面的操作把 jQuery 添加到网页中，具体代码如下：

```
<head>
    <script type = "text /javascript" src = "jquery. js"></script>
</head>
```

请注意，<script> 标签应该位于页面的 <head> 部分。下面的例子演示了 jQuery 的 hide() 函数，实现了隐藏了 HTML 文档中所有<p>元素的效果。实现代码如下：

```
<html>
<head>
<script type = "text /javascript" src = "jquery. js"></script>
<script type = "text /javascript">
    $ (document). ready(function(){
        $ ("button").click(function(){
            $ ("p").hide();
        });
    });
</script>
</head>

<body>
    <h2>This is a heading</h2>
    <p>This is a paragraph. </p>
    <p>This is another paragraph. </p>
    <button type = "button">Click me</button>
```

```
</body>
</html>
```

注意,在大部分的实例中的所有 jQuery 函数位于一个 document ready 函数中:

```
$(document).ready(function(){
    -- jQuery functions go here ----
});
```

这是为了防止文档在完全加载(就绪)之前运行 jQuery 代码。如果在文档没有完全加载之前就运行函数,操作可能失败。另外,如果网站包含许多页面,为了使 jQuery 函数易于维护,那么可以把 jQuery 函数放到独立的 .js 文件中。

范例 1:举例利用 jQuery 实现渐隐效果,test2 - 7. htm 具体代码如下:

```
<head>
<meta charset = "GB18030">
<title>jQuery fadeout</title>
<script type = "text/javascript" src = "js/jquery-1.7.2.min.js"></script>
<script type = "text/javascript">
    $(document).ready(function(){
        $("#test").click(function(){
            $(this).fadeOut();
        });
    });
</script>
</head>
<body>
    <div id = "test" style = "background:yellow;width:200px">CLICK ME AWAY!</div>
    <p>如果您点击上面的框,它会淡出.</p>
</body>
```

范例 2:举例利用 jQuery 实现向 HTML 元素追加内容,test2 - 8. htm 具体代码如下:

```
<head>
<meta charset = "GB18030">
<title>jQuery add</title>
<script type = "text/javascript" src = "js/jquery-1.7.2.min.js"></script>
<script type = "text/javascript">
    $(document).ready(function(){
        $("button").click(function(){
            $("p").append(" <b>W3School</b>.");
        });
```

```
    });
</script>
</head>
<body>
    <h2>This is a heading</h2>
    <p>This is a paragraph. </p>
    <p>This is another paragraph. </p>
    <button type = "button">请点击这里</button>
</body>
```

运行效果如图 2 - 10 所示。

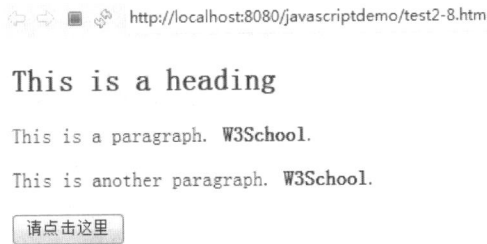

http://localhost:8080/javascriptdemo/test2-8.htm

This is a heading

This is a paragraph. W3School.

This is another paragraph. W3School.

请点击这里

图 2 - 10　test2 - 8. htm 运行结果

范例 3：举例利用 jQuery 实现改变 HTML 元素的 CSS 属性，test2 - 9. htm 具体代码
如下：

```
<head>
<meta charset = "GB18030">
<title>jQuery change css</title>
<script type = "text /javascript" src = "js /jquery - 1. 7. 2. min. js"></script>
<script type = "text /javascript">
    $ (document). ready(function(){
        $ ("button").click(function(){
            $ ("p").css("background-color","red");
        });
    });
</script>
</head>
<body>
    <h2>This is a heading</h2>
    <p>This is a paragraph. </p>
    <p>This is another paragraph. </p>
    <button type = "button">Click me</button>
</body>
```

运行效果如图 2-11 所示。

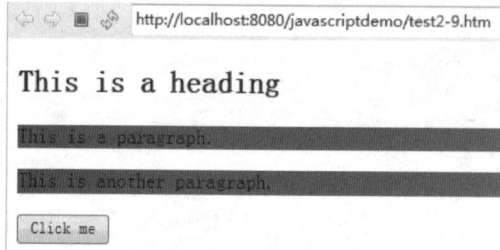

图 2-11 test2-9. htm 运行结果

通过以上这些实例,也可以看出使用 jQuery 实现各种丰富的功能,代码却十分简洁简单,这也是当前 jQuery 应用十分广泛的重要原因。

2.4 HTML5 语言

2.4.1 HTML5 简介

HTML5 是下一代的 HTML。HTML5 将成为 HTML、XHTML 以及 HTML DOM 的新标准。HTML5 仍处于完善之中。然而,大部分现代浏览器已经具备了某些 HTML5 支持,并且 HTML5 统一考虑了 Web 页面与移动终端的内容呈现。

HTML5 建立的一些规则:

- 新特性应该基于 HTML、CSS、DOM 以及 JavaScript
- 减少对外部插件的需求(比如 Flash)
- 更优秀的错误处理
- 更多取代脚本的标记
- HTML5 应该独立于设备
- 开发进程应对公众透明

HTML5 中的一些有趣的新特性:

- 用于绘画的 canvas 元素
- 用于媒介回放的 video 和 audio 元素
- 对本地离线存储更好的支持
- 新的特殊内容元素,比如 article、footer、header、nav、section
- 新的表单控件,比如 calendar、date、time、email、url、search

最新版本的 Safari、Chrome、Firefox 以及 Opera 支持某些 HTML5 特性。Internet Explorer 9 将支持某些 HTML5 特性。

2.4.2 HTML5 视频

到目前为止,大多数视频是通过插件(比如 Flash)来显示的。然而,并非所有浏览器都拥有同样的插件。HTML5 规定了一种通过 video 元素来包含视频的标准方法。当前,video 元素支持两种视频格式:Ogg 和 MPEG4。Ogg 即带有 Thedora 视频编码和 Vorbis 音频编码的 Ogg 文件,MPEG4 即带有 H. 264 视频编码和 AAC 音频编码的 MPEG4 文件。

在 HTML5 中显示视频可以使用如下代码:

```
<video src = "Java EE.mp4" controls = "controls">
</video>
```

其中,control 属性供添加播放、暂停和音量控件。

可以通过宽度和高度属性来设置视频播放的宽与高,考虑到有些浏览器不支持 video 元素,可以在<video> 与</video> 之间插入相关提示语句供不支持的浏览器显示,具体代码如下:

```
<video src = "Java EE.mp4" width = "320" height = "240" controls = "controls">
    Your browser does not support the video tag.
</video>
```

运行显示结果如图 2-12 所示。

图 2-12 HTML5 视频展示

<video> 标签的属性值描述:

● autoplay 如果出现该属性,则视频在就绪后马上播放。

● controls 如果出现该属性,则向用户显示控件,比如播放按钮。

● height 设置视频播放器的高度。

● loop 如果出现该属性,则当媒介文件完成播放后再次开始播放。

● preload 如果出现该属性,则视频在页面加载时进行加载,并预备播放。如果使用了"autoplay",则忽略 preload 属性。

● src 要播放的视频的 URL。

● width 设置视频播放器的宽度。

2.4.3　HTML5 音频

目前,音频是通过插件(比如 Flash)来播放的。然而,并非所有浏览器都拥有同样的插件。HTML5 规定了一种通过 audio 元素来包含音频的标准方法。audio 元素能够播放声音文件或者音频流。当前,audio 元素支持三种音频格式:Ogg Vorbis、MP3 和 Wav。

在 HTML5 中播放音频可以使用如下代码:

```
<audio src = "song. ogg" controls = "controls">
</audio>
```

其中,control 属性供添加播放、暂停和音量控件。<audio> 与</audio> 之间插入的内容是供不支持 audio 元素的浏览器显示的,代码如下:

```
<audio src = "song. ogg" controls = "controls">
    Your browser does not support the audio tag.
</audio>
```

上面的例子使用一个 Ogg 文件,适用于 Firefox、Opera 以及 Chrome 浏览器。要确保适用于 Safari 浏览器,音频文件必须是 MP3 或 Wav 类型。<audio> 标签的属性与<video> 标签的属性类似。

2.4.4 HTML5 Canvas

HTML5 的 canvas 元素使用 JavaScript 在网页上绘制图像。画布是一个矩形区域,您可以控制其每一像素。canvas 拥有多种绘制路径、矩形、圆形、字符以及添加图像的方法。

向 HTML5 页面添加 canvas 元素,可以规定元素的 id、宽度和高度:

```
<canvas id = "myCanvas" width = "200" height = "100"></canvas>
```

canvas 元素本身是没有绘图能力的,所有的绘制工作必须在 JavaScript 内部完成,具体代码如下:

```
<script type = "text /javascript">
    function mycanvas(){
      var c = document. getElementById("myCanvas");
      var cxt = c. getContext("2d");
      cxt. fillStyle = "♯FF0000";
      cxt. fillRect(0,0,150,75);
    }
</script>
```

JavaScript 使用 id 来寻找 canvas 元素,本例中设置变量 c,并提供语句:"document. getElementById("myCanvas")"获取 canvas 对象。然后,创建 context 对象:var cxt = c. getContext("2d");其中,getContext("2d") 对象是内建的 HTML5 对象,拥有多种绘制二维的路径、矩形、圆形、字符以及添加图像的方法。下面的两行代码绘制一个红色的矩形:

```
    cxt. fillStyle = "♯FF0000";
    cxt. fillRect(0,0,150,75);
```

其中,fillStyle 方法将其染成红色,fillRect 方法规定了形状、位置和尺寸。上述代码通过 body 标签的属性 onload 进行调用,运行结果如图 2-13 所示。

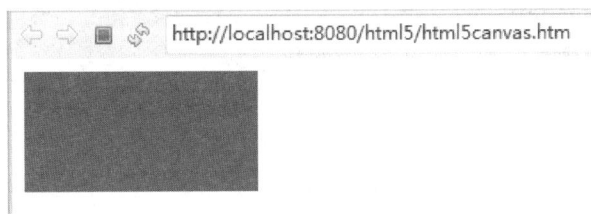

图 2-13　Html5 画布展示

可以使用指定的颜色来绘制渐变背景,JavaScript 实现代码如下:

```
<script type = "text /javascript">
    function canvasgradient (){
        var c = document. getElementById("myCanvas");
        var cxt = c. getContext("2d");
        var grd = cxt. createLinearGradient(0,0,175,50);
        grd. addColorStop(0,"♯FF0000");
        grd. addColorStop(1,"♯00FF00");
        cxt. fillStyle = grd;
        cxt. fillRect(0,0,175,50);
    }
</script>
```

运行结果如图 2-14 所示。

图 2-14　HTML5 画布渐变色

2.4.5　HTML5 Web 存储

HTML5 提供了两种在客户端存储数据的新方法:localStorage—没有时间限制的数据存储、sessionStorage—针对一个 session 的数据存储。

在这之前,这些都是由 cookie 完成的。但是 cookie 不适合大量数据的存储,因为它们由每个对服务器的请求来传递,这使得 cookie 速度很慢而且效率也不高。在 HTML5 中,数据不是由每个服务器请求传递的,而是只有在请求时使用数据。它使在不影响网站性能的情况下存储大量数据成为可能。对于不同的网站,数据存储于不同的区域,并且一个网站只能访问其自身的数据。HTML5 具体使用 JavaScript 来存储和访问数据。

localStorage 方法存储的数据没有时间限制。第二天、第二周或更长时间,数据依然可用。下面代码存储了一个字符串:

```
<script type = "text /javascript">
    localStorage. lastname = "Smith";
    document. write(localStorage. lastname);
</script>
```

下面的例子对用户访问页面的次数进行计数：

```
<script type = "text /javascript">
    if (localStorage. pagecount)
    {
        localStorage. pagecount = Number(localStorage. pagecount) + 1;
    }
    else
    {
        localStorage. pagecount = 1;
    }
    document. write("Visits "+ localStorage. pagecount + " time(s).");
</script>
```

运行结果如图 2 - 15 所示。

Visits 5 time(s).

图 2 - 15　数据存储

通过 localStorage 存储数据，数据可以在多个进程或线程中共享，甚至浏览器关闭后数据仍然能够保存。

sessionStorage 方法针对一个 session 进行数据存储。当用户关闭浏览器窗口后，数据会被删除，不同页面之间也不能共享。

下面的例子对用户在当前 session 中访问页面的次数进行计数：

```
<script type = "text /javascript">
    if (sessionStorage. pagecount)
    {
        sessionStorage. pagecount = Number(sessionStorage. pagecount) + 1;
    }
    else
    {
        sessionStorage. pagecount = 1;
    }
    document. write("Visits "+ sessionStorage. pagecount +" time(s) this ses-
sion.");
```

```
</script>
```

2.4.6　HTML5 新的 Input 类型

HTML5 拥有多个新的表单输入类型,这些新特性提供了更好的输入控制和验证。新的输入类型包括:email、url、number、range、date pickers(date, month, week, time, date-time, datetime-local)、search、color。

email 类型用于包含 e-mail 地址的输入域,在提交表单时,会自动验证 email 域的值。实例:

```
E-mail: <input type = "email" name = "user_email" />
```

提示:iPhone 中的 Safari 浏览器支持 email 输入类型,并通过改变触摸屏键盘来配合它(添加@ 和.com 选项)。

url 类型用于包含 URL 地址的输入域,在提交表单时,会自动验证 url 域的值。实例:

```
Homepage: <input type = "url" name = "user_url" />
```

提示:iPhone 中的 Safari 浏览器支持 url 输入类型,并通过改变触摸屏键盘来配合它(添加.com 选项)。

number 类型用于包含数值的输入域,还可以设定对所接受的数字的限定。实例:

```
Points: <input type = "number" name = "points" min = "1" max = "10" />
```

请使用下面的属性来规定对数字类型的限定:
- max number 规定允许的最大值
- min number 规定允许的最小值
- step number 规定合法的数字间隔(如果 step="3",则合法的数是-3,0,3,6 等)
- value number 规定默认值

提示:iPhone 中的 Safari 浏览器支持 number 输入类型,并通过改变触摸屏键盘来配合它(显示数字)。

range 类型用于包含一定范围内数字值的输入域,range 类型显示为滑动条,还可以设定对所接受的数字的限定。实例:

```
<input type = "range" name = "points" min = "1" max = "10" />
```

还可以使用属性来设置数字类型,属性值与 number 一致。

HTML5 拥有多个可供选取日期和时间的新输入类型,具体类型如下:
- date—选取日、月、年
- month—选取月、年
- week—选取周和年
- time—选取时间(小时和分钟)
- datetime—选取时间、日、月、年(UTC 时间)
- datetime-local—选取时间、日、月、年(本地时间)

下面的例子允许从日历中选取一个日期:

```
Date: <input type = "date" name = "user_date" />
```

search 类型用于搜索域,比如站点搜索或 Google 搜索,search 域显示为常规的文本域。实例:

```
<input type = "search" results = 5 autosave = a_unique_value>
```

2.4.7 HTML5 表单元素

HTML5 拥有若干涉及表单的元素和属性,包括以下新的表单元素:

- datalist
- keygen
- output

datalist 元素规定输入域的选项列表,列表是通过 datalist 内的 option 元素创建的。如需把 datalist 绑定到输入域,请用输入域的 list 属性引用 datalist 的 id。实例:

```
<form action = "">
    Webpage: <input type = "url" list = "url_list" name = "link" />
    <datalist id = "url_list">
        <option label = "W3School" value = "http://www.W3School.com.cn" />
        <option label = "Google" value = "http://www.google.com" />
        <option label = "Microsoft" value = "http://www.microsoft.com" />
    </datalist>
</form>
```

提示:option 元素永远都要设置 value 属性。

keygen 元素的作用是提供一种验证用户的可靠方法,keygen 元素是密钥对生成器(key-pair generator)。当提交表单时,会生成两个键,一个是私钥,一个公钥。私钥(private key)存储于客户端,公钥(public key)则被发送到服务器。公钥可用于之后验证用户的客户端证书(client certificate)。实例:

```
<form action = "demo_form.jsp" method = "get">
    Username: <input type = "text" name = "user_name" />
    Encryption: <keygen name = "security" />
    <input type = "submit" />
</form>
```

output 元素用于不同类型的输出,比如计算或脚本输出。在过去,开发人员常常会将<span>元素作为占位符,并指定一个 ID 属性,这样 JavaScript 代码就可以在计算时找到它并填入数据。HTML5 中,建议使用<output>作为占位符使语义更加清晰,用法实际和以前的<span>是一样的。实例:

```
<title>outputdemo</title>
  <script>
```

```
function run(){
    var resultElement = document.getElementById("result");
    resultElement.value = Math.random();
}
</script>
</head>
<body>
    <p>随机数:<output id = "result"></output></p>
    <input type = "button" value = "生成" onclick = "run()">
</body>
```

HTML5 还在不断完善中,不同浏览器支持力度也不同,更多内容可以参考网站:https://www.w3.org/TR/html5/。

巩固练习

1. 使用 HTML 语言的标签实现一个用户登录页面。
2. 使用 JavaScript 语言实现单击登录按钮时进行用户名及密码空值验证。
3. 再使用 jQuery 语言同样实现单击登录按钮时进行用户名及密码空值验证。
4. 使用 HTML5 语言的标签实现一个用户登录页面,并在手机端运行。

【微信扫码】
习题解答 & 相关资源

第3章 Java Web 编程基础

学习目标

1. 了解 JSP 程序的工作原理
2. 利用 JSP、JavaBean 开发简单系统
3. 了解并掌握 Jdbc 操作数据库原理和方法
4. 利用 JSP、JavaBean 和 Servlet 实现用户注册功能

上一章大家已经学习了静态 HTML 语言的基本概念及客户端编程技术,从本章起开始学习服务器端编程技术——JSP 的相关知识。

3.1 JSP 简介

JSP(Java Server Pages)是由 Sun Microsystems 公司倡导、许多公司参与一起建立的一种动态网页技术标准。JSP 技术有点类似 ASP 技术,它是在传统的网页 HTML 文件(＊.htm,＊.html)或 HTML5 中插入 Java 程序段(Scriptlet)和 JSP 标记(tag),从而形成 JSP 文件(＊.jsp)。用 JSP 开发的 Web 应用是跨平台的,既能在 Linux 下运行,也能在其他操作系统上运行。

JSP 是在服务器端执行的,通常返回给客户端的就是一个 HTML 文本,因此客户端只要有浏览器就能浏览。

JSP 页面由 HTML 代码和嵌入其中的 Java 代码所组成。服务器在页面被客户端请求以后对这些 Java 代码进行处理,然后将生成的 HTML 页面返回给客户端的浏览器。

3.1.1 JSP 特点

JSP 结合了 HTML 语言和 Java 技术,充分继承了 Java 的众多优势,具有以下特点:
① 一次编写,随处运行
② 组件重用
③ 页面开发标记化
④ 开发设计角色分离

3.1.2 JSP 基本语法

1. JSP 程序段
(1) 在 JSP 中符合 Java 语言规范的程序被称为程序段。
(2) 程序段包括在"＜％　　％＞"之间,基本语法为:＜％code fragment％＞

例如：

```
<html>
  <head>
  </head>
    <body>
      <%
      int h=10,w=5,s;
      s=h*w;
      out.print(s);
      %>
    </body>
</html>
```

将项目部署在 Tomcat 上，并启动 Tomcat。在浏览器中输入网址 http://localhost:8080/test/first.jsp，按回车键得结果结果显示为"50"。

2. JSP 注释

(1) 普通 Java 注释

① 用双斜杠"//"注释单行。

② 用"/*   */"注释多行。

③ 用"/**   */"注释多行，用于将所注释的内容文档化。

(2) JSP 特有的注释

① 客户端注释，如果使用者检视网页的原始码，他们也会看到这些注释，语法如下：

```
<!-- comment|<% = expression %>|-->
```

例如：

```
<!--<% = new java.util.Date()%>-->
```

效果如图 3-1 所示。

图 3-1　客户端注释

（2）服务器端注释，使用者在网页原始码中看不到你的注释，你可以将它放在＜％一 ？一％＞卷标里，语法如下：

```
＜% /* comment * / %＞或＜% -- comment -- %＞
```

例如：

```
＜% -- = java.util.Date()-- %＞
```

效果如图 3-2 所示。

图 3-2 服务器端注释

3. JSP 声明

JSP 声明用于声明变量和方法。JSP 的声明方法看起来很特别，似乎没有类，只有方法定义，方法似乎可以脱离类独立存在。实际上，JSP 声明将会转换成 Servlet 的成员变量或成员方法，即声明一个类的成员变量，因此 JSP 声明依然符合 Java 语法。

（1）使用声明来定义需要使用的变量、方法。

（2）JSP 声明方式与 Java 相同，其语法格式为：

```
＜%! declaration;[ declaration;]...... %＞
```

例如：

```
＜%@ page contentType = "text /html; charset = gb2312" language = "java" %＞
＜!DOCTYPE HTML PUBLIC " - //W3C//DTD HTML 4.0 Transitional//EN"＞
＜HTML＞
  ＜HEAD＞
  ＜TITLE＞声明测试＜ /TITLE＞
  ＜/HEAD＞
  ＜! -- 下面是 JSP 声明部分 --＞
  ＜%!
    //声明一个整型变量
```

```
   public int count;
   //声明一个方法
   public String info(){return "hello";}
%>
<BODY>
<%
   //将 count 的值输出后再加 1
   out.println(count++);
%><br>
<%
   //输出 info()方法的返回值
   out.println(info());
%>
</BODY>
</HTML>
```

打开多个浏览器,甚至可以在不同的机器上打开浏览器来刷新该页面,将发现所有客户端访问的 count 值是连续的,即所有客户端共享了同一个 count 变量,效果如图 3-3 所示。

图 3-3   JSP 声明

结果表明:JSP 页面会编译成一个 Servlet 类,每个 Servlet 在容器中只有一个实例。在 JSP 中声明的变量是成员变量,成员变量只在创建实例时初始化,该变量的值将一直保存,直到实例销毁。

4. JSP 表达式

(1)表达式元素是指在脚本语言中被定义的表达式,其在运行后自动地转化为字符串并显示在浏览器中。

(2)基本语法为:<%=expression%>

```
<% = new java.util.Date() %>
```

效果如图 3-4 所示。

图 3 - 4 JSP 表达式

5. JSP 指令标记

用来设置与整个 JSP 页面相关的属性,它并不直接产生任何可见的输出,而只是告诉引擎如何处理其余 JSP 页面。

(1) page 指令

用来设置整个页面的相关属性和功能,作用于整个页面。

例:

```
<%@ page language = "java" import = "java.util.*" pageEncoding = "GB18030"%>
```

(2) include 指令

用于解决重复性页面问题,其中包含的文件在本页面编译时被引入。

语法:<%@ include file = "url" %>

例:<%@ include file = "top.jsp" %>

(3) taglib 指令

用于提供类似于 XML 中的自定义新标记的功能。

语法:<%@ taglib url = "relative taglibURL" prefix = "taglibPrefix" %>

例:

首先声明在 JSP 中使用标签库:

```
<%@taglib prefix = "s" uri = "/struts-tags"%>
```

其中,uri 属性引用了标签库描述符"TLD",prefix 属性定义了区别其他标签的前缀名。接着,可以使用所引用的标签库中的"if"标签,例:

```
<s:if test = '#request.teacherInfo.degree = = NULL'>
        <option value = " "></option>
</s:if>
```

6. JSP 动作元素

(1) <jsp:include>

① 作用:在当前页面添加动态和静态的资源。

② 基本语法为:<jsp:include page=”url”/>。

③ include 指令和动作的区别:include 动作是在页面请求访问时,将被包含页面嵌入,而 include 指令是在 JSP 页面转化成 Servlet 时才将被包含页面嵌入。

（2）<jsp:forward>

① 作用:引导请求进入新的页面。

② 基本语法为:<jsp:forward page="url"/>。

（3）<jsp:plugin>

① 作用:连接客户端的 Applet 和 Bean 插件。

② 基本语法为:<jsp:plugin attribute1=”value1” attribute2=”value2”...>。

例:

```
<jsp:plugin type = "applet" code = "firstApplet" codebase = "plugin /" width = "640" height = "260">
</jsp:plugin>
```

（4）<jsp:param>

① 作用:提供其他 JSP 动作的名称/值信息。

② 基本语法为:<jsp:param name="name" value="value"/>。

例:

```
<%@ page contentType = "text /html; charset = gb2312" language = "java" %>
<!DOCTYPE HTML PUBLIC " - //W3C//DTD HTML 4.0 Transitional//EN">
<HTML>
    <HEAD>
    <TITLE>param</TITLE>
    </HEAD>
    <BODY>
<% double i = Math.random(); %>
    <jsp:forward page = "next.jsp"><!-- 跳转到 next.jsp  -->
        <jsp:param name = "number" value = "<% = i%>" /><!--传递参数   -->
    </jsp:forward>
        </BODY>
</HTML>
```

（5）<jsp:useBean>

① 作用:应用 JavaBean 组件。

② 基本语法为:<jsp:useBean id=”name” scope=”page | request | session | application” typeSpec/>

例:useBeanTest.java 文件代码如下:

```
package xz.edu;
```

```
public class useBeanTest {
    String a = "njxz";
    public String printStr()
    {
        return a;
    }
    public String geta()
        {   return a; }
}
```

useBeanTest. jsp 文件代码如下:

```
<%@ page contentType = "text /html; charset = gb2312" language = "java" %>
<HTML>
    <HEAD>
    <TITLE>useBeanTest</TITLE>
    </HEAD>
    <BODY>
<jsp:useBean id = "myUseBean" class = "xz. edu. useBeanTest" />
<% = myUseBean. printStr() %>
    </BODY>
</HTML>
```

useBeanTest. jsp 文件运行效果如下图 3-5 所示。

图 3-5　useBeanTest. jsp 运行结果

(6) <jsp:getProperty>

① 作用:将 JavaBean 的属性插入到输出中。

② 基本语法为:<jsp:setProperty name="beanName" prop_expr/ >

例:在上面 useBeanTest. jsp 文件中加入如下代码。

```
<jsp:getProperty name = "MyuseBean" property = "a"/>
```

则 useBeanTest. jsp 文件运行效果如下图 3 - 6 所示。

图 3 - 6 useBeanTest. jsp 运行结果

从上图可看到运行效果与<jsp：useBean>相同。

（7）<jsp：setProperty>

① 作用：设置 JavaBean 组件的属性值

② 基本语法为：<jsp：setProperty name="beanName" prop_expr/>

例：在上面 useBeanTest. jsp 文件中加入如下代码：

<jsp:setProperty name = "MyuseBean" property = "a" value = "hello"/>

则 useBeanTest. jsp 文件运行效果如下图 3 - 7 所示。

图 3 - 7 useBeanTest. jsp 运行结果

7. JSP 内置对象

JSP 自带了 9 个功能强大的内置对象，具体内容如下：

（1）request 对象

① request 对象封装了用户提交的信息。

② 通过调用该对象相应的方法可以获取封装的信息，即使用该对象可以获取用户提交信息。

③ request 对象是 HttpServletRequest 类的实例。

例：

使用 request 对象的 getParameter(string s)方法获取表单通过 text 提交的信息。如：

```
<% @ page language = "java" contentType = "text /html; charset = UTF - 8"
    pageEncoding = "UTF - 8" % >
<html>
<head>
<title>request example</title>
</head>
<body>
  <form action = "test. jsp">
      <input type = "text" name = "user">
      <input type = "submit" value = "Enter" name = "submit">
  </form>
</body>
</html>
```

运行效果如图 3 - 8 所示。

图 3 - 8　form 表单

test. jsp 代码如下：

```
<% @ page language = "java" contentType = "text /html; charset = UTF - 8"
      pageEncoding = "UTF - 8" % >
<html>
<head>
<title>request test</title>
</head>
<body>
    <p> 获取文本框提交的信息:
    <% String textContent = request. getParameter("user"); % >
    <br>
    <% = textContent % >
</body>
</html>
```

request. jsp 表单提交后,运行效果如图 3 - 9 所示。

图 3 - 9 表单提交后结果

(2) response 对象

① response 对象对客户的请求做出动态的响应,向客户端发送数据。

② response 对象是 HttpServletResponse 类的实例。

③ response 对象方法比较多,下面以重定向方法 sendRedirect(java. lang. String location)为例来简单演示如何调用该对象的方法。

reponse 对象举例:

responseTest. jsp 文件代码如下:

```jsp
<%@ page language = "java" contentType = "text /html; charset = UTF - 8"
    pageEncoding = "UTF - 8" %>
<html>
<head>
<title>request test</title>
</head>
<body>
<%
    String address = request. getParameter("where");
    if (address ! = "")
        response. sendRedirect("http: // www. njxzc. edu. cn");
%>
    <b>
    <form action = "">
        <input type = "text" name = "where">
        <input type = "submit" value = "Enter" name = "submit">
    </form>
    </b>
</body>
</html>
```

该文件执行时,若文本框为空则不跳转,若不为空,则跳转到"www. njxzc. edu. cn"网页。

(3) out 对象

① out 对象是向客户端输出流进行写操作的对象。

② out 对象主要应用在脚本程序中,会通过 JSP 容器自动转换为 java. io. PrintWriter 对象。

③ out 对象具有 page 作用范围。

例:outTest. jsp 文件代码如下:

```
<%@ page language = "java" contentType = "text /html; charset = UTF - 8"
    pageEncoding = "UTF - 8" %>
<html>
<head>
<title>request test</title>
</head>
<body>
  <%
    java.util. Date now = new java.util. Date();
  %>
  当前时间是:
  <% out. print(now); %>
</body>
</html>
```

运行结果如图 3-10 所示。

图 3-10　outTest. jsp 文件运行结果

(4) session 对象

① session 对象是 javax. servlet. httpServletSession 类的一个对象。

② session 对象提供了当前用户会话的信息和对可用于存储信息的会话范围的缓存访问,以及控制如何管理会话的方法。

③ 每个客户都对应有一个 session 对象,用来存放与这个客户相关的信息。

④ session 对象具有 session 作用范围。

session 对象有许多方法,下面以 getId 方法为例,介绍该对象的使用。

例:sessionTest. jsp 文件代码如下:

```
< % @ page language = "java" contentType = "text /html; charset = UTF - 8"
    pageEncoding = "UTF - 8" % >
<html>
<head>
<title>request test</title>
</head>
<body>
 < %
    String s = session. getId();
 % >
 您的 session 对象的 ID 是:
 < % out. print(s); % >
</body>
</html>
```

sessionTest. jsp 文件运行结果如图 3 - 11 所示。

图 3 - 11　sessionTest. jsp 文件运行结果

(5) application 对象

① application 对象负责提供应用程序在服务器中运行时的一些全局信息。

② 当 Web 应用中的 JSP 页面开始执行时,产生一个 application 对象,所有的客户共用此对象,直到服务器关闭时才消失。

③ application 对象具有 application 作用范围。

例:application. jsp 文件代码如下:

```
< % @ page language = "java" contentType = "text /html; charset = UTF - 8"
    pageEncoding = "UTF - 8" % >
<html>
```

```
<head>
<title>application</title>
</head>
<body>
<%
    String strNum = (String)application.getAttribute("Num");
    int Num = 0;
    if (strNum ! = null)
          Num = Integer. parseInt(strNum)+ 1;
    application. setAttribute("Num",String. valueOf(Num));
    out. print(Num);
%>
</body>
</html>
```

该文件执行时,每刷新一次页面,数值加 1,文件刷新 11 次后效果如图 3-12 所示。

图 3-12 application. jsp 文件刷新结果

(6) page 对象

① page 对象是 this 变量的别名,是一个包含当前 Servlet 接口引用的变量。

② page 对象具有 page 作用范围。

(7) pageContext 对象

① pageContext 对象能够存取其他内置对象,当内置对象包括属性时,也可以读取和写入这些属性。

② pageContext 是一个抽象类,实际运行的 JSP 容器必须扩展它才能被使用。

③ pageContext 对象具有 page 作用范围。

例:pageContext 文件的代码如下:

```
<%@ page language = "java" contentType = "text /html; charset = UTF - 8"
    pageEncoding = "UTF - 8" %>
<html>
<head>
<title>pageContext</title>
```

```
</head>
<body>
    <br> 使用 pageContext 设置属性 pageAttr 的值,该属性默认在 page 范围内.
    < %
            pageContext.setAttribute("pageAttr","hello");
    % >
    <br>
    获取属性 hello 的值:
    < % = pageContext.getAttribute("pageAttr") % >
</body>
</html>
```

文件运行结果如图 3-13 所示。

图 3-13 pageContext. jsp 运行结果

(8) config 对象

① config 对象提供了对每一个服务器或者 JSP 页面的 javax. servlet. ServletConfig 对象的访问。

② config 对象中包含了初始化参数以及一些实用方法。

可以为使用 web. xml 文件的服务器程序和 JSP 页面在其环境中设置初始化参数。

③ config 对象具有 page 作用范围。

下面以 config 对象的 getInitParameter 方法为例,介绍 config 对象的使用。

例:configTest. jsp 文件代码如下:

```
< % @ page language = "java" contentType = "text /html; charset = UTF - 8"
    pageEncoding = "UTF - 8" % >
<html>
<head>
<title>configTest</title>
</head>
<body>
```

```
    <br>
    Photo:
    <% = config.getInitParameter("photo")%>
</body>
</html>
```

web. xml 文件代码如下:

```
<?xml version = "1.0" encoding = "UTF-8"?>
<web-app version = "2.5"
    xmlns = "http://java.sun.com/xml/ns/javaee"
    xmlns:xsi = "http://www.w3.org/2001/XMLSchema-instance"
    xsi:schemaLocation = "http://java.sun.com/xml/ns/j2ee
    http://java.sun.com/xml/ns/javaee/web-app_2_5.xsd">
    <servlet>
        <servlet-name>admin</servlet-name>
        <jsp-file>/configTest.jsp</jsp-file>
        <init-param>
            <param-name>photo</param-name>
            <param-value>88888888</param-value>
        </init-param>
    </servlet>
    <servlet-mapping>
        <servlet-name>admin</servlet-name>
        <url-pattern>/configTest.jsp</url-pattern>
    </servlet-mapping>
</web-app>
```

configTest. jsp 文件执行效果如图 3-14 所示。

图 3-14　configTest. jsp 运行结果

（9）exception 对象

① exception 对象是异常对象。与错误不同,这里的异常指的是 Web 应用程序中所能

够识别并处理的问题。如果在 JSP 页面中捕捉到异常,就会产生 exception 对象,并把这个对象传递到在 page 设定的 errorpage 中去,然后在 errorpage 页面中处理相应的 exception。

② exception 对象具有 page 作用范围。

③ 需要注意的是:要使用内置的 exception 对象,必须在 page 命令中设定<%@page isErrorPage="true" %>,否则会出现编译错误。

例:error.jsp 文件代码如下:

```
<%@ page language = "java" contentType = "text /html; charset = UTF - 8"
    pageEncoding = "UTF - 8" isErrorPage = "true" %>
<html>
<head>
<title>error</title>
</head>
<body>
    <br>
    抱歉,程序发送异常!
</body>
</html>
```

还需在 web. xml 文件中增加如下代码:

```
<error-page>
        <error-code>500</error-code>
        <location> /error.jsp</location>
    </error-page>
```

errorTest. jsp 文件代码如下:

```
<%@ page language = "java" contentType = "text /html;charset = UTF - 8"
    pageEncoding = "UTF - 8"   %>
<!DOCTYPE html PUBLIC " - //W3C //DTD HTML 4. 01 Transitional //EN" "http: //
www.w3. org /TR /html4 /loose.dtd">
<html>
<head>
<title>error Test</title>
</head>
<body>
    当前时间是:
    <% out. print(now);  %>
</body>
</html>
```

因为该文件中 now 对象为空,因此该文件运行后将跳转到 error. jsp 文件,运行结果如

图 3-15 所示。

图 3-15　errorTest. jsp 文件运行结果

5. Java Bean

JavaBean 是一种由 Java 语言写成的可重用组件,是 Sun Microsystems 公司为了适应网络计算提出的。JavaBean 本质上就是一些可移植、可重用,并可以组装到应用程序中的 Java 类。为写成 JavaBean,类必须是具体的和公共的,并且具有无参数的构造器。如果属性(成员变量)的名字是 xxxx,则相应的有用来设置和获得属性的两个方法,分别为:public void setXxxx(dataType data) 和 public dataType getXxxx()。(注明:该方法名称中的属性的第一个字母必须大写)

基于这些规则,其他 Java 类可以通过自省机制(反射机制)发现和操作这些 JavaBean 的属性。JavaBean 可以较好地实现后台业务逻辑和前台表示逻辑的分离,使得 JSP 程序更加可读、易维护。在 JavaBean 设计中,JavaBean 的属性(变量)按照属性作用的不同,一般可以分为 4 类:

① 简单属性:表示一个伴随 get 和 set 方法的变量。属性的名称与该属性相关的 get、set 方法对应。

② 索引属性:表示一个数组值。使用与该属性对应的 set 和 get 方法可以存取数组中某个元素的数值。

③ 绑定属性:当绑定属性发生变化时,必须通知其他 JavaBean 组件对象。

④ 约束属性:约束属性值的变化首先要被所有的监听器验证之后,才能有可能真正发生改变

JSP 提供了 3 种标记来使用 JavaBean:

① 初始化 Bean

◆ 使用标记<jsp:useBean/>

② 获取 Bean 属性

◆ 使用标记<jsp:getProperty/>

③ 设置 Bean 属性

◆ 使用标记<jsp:setProperty/>

JavaBean 的生命周期分为 4 种范围:page、request、session 和 application,通过设置

JavaBean 的 scope 属性,可以对 JavaBean 设置不同的生命周期,它们覆盖的范围如图 3-16 所示。

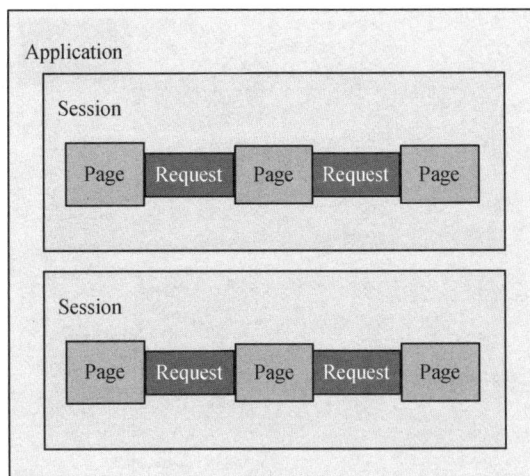

图 3-16 JavaBean 生命周期

3.2 JSP + JavaBean 应用实例

3.2.1 应用举例 1

1. 应用简介

该案例通过 JavaBean 定义一个实体类 Box,然后通过 JSP 实现获取长方体的长、宽和高,并计算它的体积。

2. 项目创建步骤

(1) 创建实体类 Box,具体代码如下:

```
package beans;

public class Box {
    double length,width,height;
    public Box(){
        length = 0;
        width = 0;
        height = 0;
    }
    public double getCV() {
        return length * width * height;
    }
    public double getLength() {
```

```
                return length;
        }
        public void setLength(double length) {
                this.length = length;
        }
        public double getWidth() {
                return width;
        }
        public void setWidth(double width) {
                this.width = width;
        }
        public double getHeight() {
                return height;
        }
        public void setHeight(double height) {
                this.height = height;
        }
    }
```

通过这个类的代码可以看出，JavaBean 定义了一个没有参数的构造方法，同时为类的每个属性定义了 public 类型的 get 和 set 方法。

(2) 创建 jspjavabendemo1. jsp 文件，具体代码如下：

```
<%@ page language = "java"  contentType = "text /html; charset = UTF - 8"
    pageEncoding = "UTF - 8" %>
<%@page import = "beans. * ;" %>
<!DOCTYPE html PUBLIC " - //W3C//DTD HTML 4. 01 Transitional //EN" "http: //
www. w3. org /TR /html4 /loose. dtd">
<html>
<head>
<meta http-equiv = "Content-Type" content = "text /html; charset = UTF - 8">
<title>Insert title here</title>
</head>
<body>
    <jsp:useBean id = "box" class = "beans. Box" scope = "request" />
    <jsp:setProperty name = "box" property = "length" value = "3. 0"/>
    <jsp:setProperty name = "box" property = "width" value = "4. 0"/>
    <jsp:setProperty name = "box" property = "height" value = "5. 0"/>
    在 JSP 中使用 JavaBean<br>
```

```
        长方体的长度为:<jsp:getProperty name = "box" property = "length"/><
br>
        长方体的宽度为:<jsp:getProperty name = "box" property = "width"/><
br>
        长方体的高度为:<jsp:getProperty name = "box" property = "height"/><
br>
        <% out.println("长方体的容积为:"+ box.getCV() ); %>
      </body>
      </html>
```

在这个文件中,通过<%@page import="beans.＊;"%>导入 JavaBean 的路径,通过
<jsp:useBean id="box" class="beans.Box" scope="request"/>实现 JavaBean 的引
用,通过<jsp:setProperty name="box" property="length" value="3.0"/>实现对 Jav-
aBean 对象的属性设置,通过<jsp:getProperty name="box" property="length"/>实现
对 JavaBean 对象的属性获取。

jspjavabendemo1. jsp 文件运行结果如图 3-17 所示。

图 3-17　jspjavabendemo1. jsp 运行结果

3.2.2　应用举例 2

应用简介

本实例是用 JSP、JavaBean 开发一个小型在线用户统计系统,View 页面用于信息的录
入、显示,JavaBean 通过 Session 对象计算当前在线用户信息。

首先,用户登录界面如图 3-18 所示。

图 3-18　用户登录

登录成功后显示当前在线人数,如图 3 - 19 所示。

图 3 - 19 用户登录成功

单击【退出系统】链接,跳转画面如图 3 - 20 所示。

图 3 - 20 用户退出

2. 项目创建步骤:

(1) 打开 Eclipse,新建 Web Project,命名为"test",如图 3 - 21 所示。

(2) 建立 JavaBean,

因为要统计在线人数,需要使用 Session 对象,如果一个 JavaBean 实现了 HttpSession-BindingListener 接口,当这个对象被绑定到 Session 中或者从 Session 中被删除时,Servlet 容器会通知这个对象,而这个对象在接收到通知后,可以做一些初始化或清除状态的操作。该 JavaBean 代码如下:

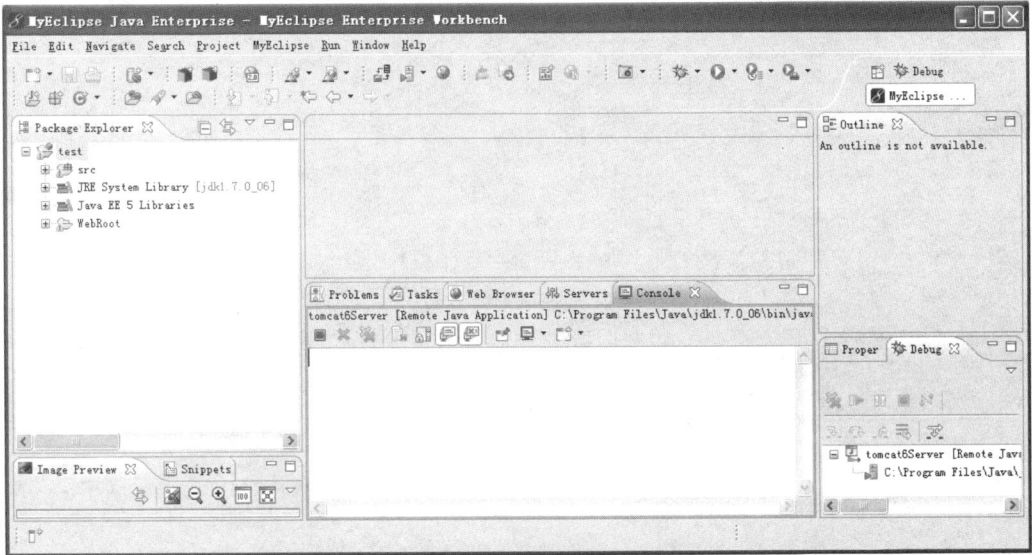

图 3 - 21　新建"test"项目

```java
package xz;
import javax.servlet.http. * ;
import javax.servlet. * ;
import java.util. * ;
public class onLineUser implements HttpSessionBindingListener {
    public onLineUser(){
    }
    private Vector users = new Vector();
    public int getCount(){
        users.trimToSize();
        return users.capacity();
    }
    public boolean existUser(String userName){
        users.trimToSize();
        boolean existUser = false;
        for (int i = 0;i<users.capacity();i++ )
        {
            if (userName.equals((String)users.get(i)))
            {
                existUser = true;
                break;
            }
        }
```

```java
            return existUser;
    }
    public boolean deleteUser(String userName) {
        users.trimToSize();
        if(existUser(userName)){
            int currUserIndex = -1;
            for(int i = 0;i<users.capacity();i++){
                if(userName.equals((String)users.get(i))){
                    currUserIndex = i;
                    break;
                }
            }
            if (currUserIndex! = -1){
                users.remove(currUserIndex);
                users.trimToSize();
                return true;
            }
        }
        return false;
    }
    public Vector getOnLineUser()
    {
        return users;
    }
    public void valueBound(HttpSessionBindingEvent e) {
        users.trimToSize();
        if(!existUser(e.getName())){
            users.add(e.getName());
            System.out.print(e.getName()+"\t 登入到系统\t"+(new Date()));
            System.out.println(" 在线用户数为:"+ getCount());
        }else
            System.out.println(e.getName()+"已经存在");
    }
    public void valueUnbound(HttpSessionBindingEvent e) {
        users.trimToSize();
        String userName = e.getName();
        deleteUser(userName);
        System.out.print(userName+"\t 退出系统\t"+(new Date()));
```

```
        System.out.println(" 在线用户数为:"+ getCount());
    }
}
```

（3）创建登录界面，代码如下：

```
<%@ page language = "java" import = "java.util. * " pageEncoding = "GB18030" %>
<%
String path = request.getContextPath();
String basePath = request.getScheme()+": //"+ request.getServerName()+":"+ request.getServerPort()+ path+" /";
%>

<!DOCTYPE HTML PUBLIC " - //W3C//DTD HTML 4.01 Transitional//EN">
<html>
  <head>
    <base href = "<% = basePath %>">
    <title>My JSP 'login.jsp' starting page</title>
  </head>
  <body>
    <form action = "onLineUser.jsp" method = "post">
        用户名:<input type = "text" name = "username"/>
                <input type = "submit" value = "登录"/>
    </form>
  </body>
</html>
```

（4）创建显示人数界面 onLineUser.jsp，代码如下：

```
<%@ page language = "java" import = "java.util. * " pageEncoding = "GB18030" %>
<%@ page import = "xz.onLineUser" %>
<jsp:useBean id = "onlineuser" class = "xz.onLineUser" scope = "application"/>
<html>
    <head>
        <title>在线人数</title>
    </head>
    <body>
        <center>
            <p><h1>登陆成功,欢迎您访问 njxzc.edu.cn!</h1></p>
        </center>
        <% session = request.getSession(false); %>
```

```jsp
<%
        String username = request.getParameter("username");
        if (onlineuser.existUser(username)){
            out.println("用户<font color = red>"+ username +"</font>已经登陆!");
        }else{
            session.setMaxInactiveInterval(50); file://Sesion 有效时长,以秒为单位
            session.setAttribute(username,onlineuser);
            out.println("欢迎新用户:<font color = red>"+ username +"</font>登陆到系统!");
        }
        out.println("<br>当前在线用户人数:<font color = red>"+ onlineuser.getCount()+"</font><br>");
        Vector vt = onlineuser.getOnLineUser();
        Enumeration e = vt.elements();
        out.println("在线用户列表");
        out.println("<table border = 1>");
        out.println("<tr><td>用户名</td></tr>");
        while(e.hasMoreElements()){
            out.println("<tr><td>");
            out.println((String)e.nextElement()+"<br>");
            out.println("</td></tr>");
        }
        out.println("</table>");
%>
<center>
    <p>njxzc.edu 制作</p>
<p> </p>
<%
    out.println("<p><a href = 'logout.jsp?username = "+ username +"'>退出系统</a></p>");
%>
</center>
</body>
</html>
```

（5）创建登录页面 Logout.jsp,代码如下：

```
<%@ page language = "java" import = "xz. onLineUser, java. util. * " pageEncoding
= "GB18030" %>
<%@ page contentType = "text /html;charset = gb2312" %>
<jsp:useBean id = "onlineuser" class = "xz. onLineUser" scope = "application"/>
<html>
    <head>
        <title>搞定 JSP 在线人数</title>
    </head>
    <body>
        <center>
            <p><h1>成功退出,欢迎您再次访问 njxzc. cn!</h1></p>
        </center>
        <%
            String username = request. getParameter("username");
            if(onlineuser. deleteUser(username))
            out. println(username+"已经退出系统!");
            else
                out. println(username+"没有登陆到系统!");
        %>
        <center>
            <p>njxzc. edu 制作</p>
            <p> </p>
        </center>
    </body>
</html>
```

（6）部署和运行

部署 test 项目到 Tomcat 的 webapps 目录下,启动 Tomcat 之后,打开浏览器,在地址栏输入 http://localhost:8080/test/login. jsp 按下回车,浏览器出现如上面图 3 - 18 所示登录界面,即表示运行成功。

3.3 Servlet

Servlet(Server Applet)全称 Java Servlet,是用 Java 编写的服务器端程序。其主要功能是交互式地浏览和修改数据,生成动态 Web 内容。狭义的 Servlet 是指 Java 语言实现的一个接口,广义的 Servlet 是指任何实现了这个 Servlet 接口的类,一般情况下,将 Servlet 理解为后者。

Servlet 运行于支持 Java 的应用服务器中。理论上,Servlet 可以响应任何类型的请求,但绝大多数情况下 Servlet 只用来扩展基于 HTTP 协议的 Web 服务器。最早支持 Servlet 标准的是 JavaSoft 的 Java Web Server。此后，一些其他的基于 Java 的 Web 服务器开始支持标准的 Servlet。

Java Server Pages(JSP)是一种实现普通静态 HTML 和动态 HTML 混合编码的技术，JSP 并没有增加任何本质上不能用 Servlet 实现的功能。但是，在 JSP 中编写静态 HTML 更加方便，不必再用 println 语句来输出每一行 HTML 代码。更重要的是，借助内容和外观的分离，页面制作中不同性质的任务可以方便地分开。如 HTML 内容由页面设计者进行设计，而 Servlet 程序员进行动态程序开发。

JSP 与 Servlet 的关系可以用一句话来表示：JSP 是在 HTML 里面写 Java 代码，而 Servlet 是在 Java 里面写 HTML 代码。

3.3.1 Servlet 简单实例

我们现在来创建一个简单的 Servlet：FirstServlet 类，功能只是输出"Hello 大家好！"。

首先打开安装了 MyEclipse 插件的 Eclipse，然后建一个 Web 项目。选择【File】→【New】→【Project…】菜单项，弹出新建命令对话框，选择【MyEclipse】→【Java Enterprise Projects】→【Web Project】菜单项，单击【Next】按钮进入 Web 应用详细信息设置，在【Project Name】文本框中输入 Web 应用名称，命名为"FirstServlet"，在【J2EE Specification Level】一栏中选择【Java EE 1.4】菜单项，其他为默认值，如图 3-22 所示，单击【Finish】按钮完成。

图 3-22 建立 Web 项目

项目建立完成后，在左边的视图中可以看到刚才新建项目的内容，如图 3-23 所示。

图 3 - 23 web. xml

右击 src 文件夹,选择【new】→【class】菜单项,弹出新建类对话框,在【name】一栏中输入类名,命名为"FirstServlet",其他为默认值,单击【Finish】按钮完成。FirstServlet. java 内容如下:

```
package com;
import java.io.IOException;
import java.io.PrintWriter;
import javax.servlet.ServletException;
import javax.servlet.http.HttpServlet;
import javax.servlet.http.HttpServletRequest;
import javax.servlet.http.HttpServletResponse;
public class FirstServlet extends HttpServlet {
        protected void doGet(HttpServletRequest req,
                HttpServletResponse resp)
                    throws ServletException, IOException {
        // 设定内容类型为 HTML 网页 UTF - 8 编码
        resp.setContentType("text/html;charset = UTF - 8");
        // 输出页面
        PrintWriter out = resp.getWriter();
        out.println("<html><head>");
        out.println("<title>First Servlet Hello</title>");
        out.println("</head><body>");
        out.println("First Servlet!");
        out.println("</body></html>");
        out.close();
    }
}
```

在这段代码中,首先导入 javax. servlet. * 和 javax. servlet. http. * 。其中,javax. servlet. * 存放了与 HTTP 协议无关的一般性 Servlet 类;javax. servlet. http. * 增加了与

HTTP 协议有关的功能。

所有 Servlet 都必须实现 javax. servlet. Servlet 接口,但程序员通常会从 javax. servlet. GenericServlet 或 javax. servlet. http. HttpServlet 选择其中一个来实现。如果写的 Servlet 代码和 HTTP 协议无关,那么必须继承 GenericServlet 类。若有关,则必须继承 HttpServlet 类。我们的例子中继承的是 HttpServlet 类。

javax. servlet. * 里面的 ServletRequest 和 ServletResponse 接口提供存取一般的请求和响应;而 javax. servlet. http. * 里面的 HttpServletRequest 和 HttpServletResponse 接口,则提供 HTTP 请求及响应的存取服务。上面代码中实现的是 HttpServletRequest 和 HttpServletResponse 接口。

上面代码中,利用 HttpServletResponse 接口的 setContentType()方法来设定内容类型。本例要显示为 HTML 网页类型,因此,内容类型设为"text/html",这是 HTML 网页的标准 MIME 类型值。接着,用 getWriter()方法返回 PrintWriter 类型的 out 对象,它与 PrintStream 类似,但是它能够对 Java 的 Unicode 字符进行编码转换。最后,利用 out 对象把"Hello 大家好!"的字符串显示在网页上。

接下来,需要设定 web. xml 文件,web. xml 文件在我们 Web 项目的 WEB-INF 文件夹内。如上图 3-22 所示。

web. xml 配置内容如下:

```xml
<?xml version = "1.0" encoding = "UTF-8"?>
<web-app version = "2.4"
    xmlns = "http://java.sun.com/xml/ns/j2ee"
    xmlns:xsi = "http://www.w3.org/2001/XMLSchema-instance"
    xsi:schemaLocation = "http://java.sun.com/xml/ns/j2ee
    http://java.sun.com/xml/ns/j2ee/web-app_2_4.xsd">
<servlet>
    <servlet-name> FirstServlet</servlet-name>
    <servlet-class> com.FirstServlet</servlet-class>
</servlet>
<servlet-mapping>
    <servlet-name> FirstServlet</servlet-name>
    <url-pattern> /FirstServlet</url-pattern>
</servlet-mapping>
</web-app>
```

仔细研究 web. xml 中关于 Servlet 的配置,可以了解,配置一个 Servlet 需要配置两个标签,第一个<servlet>,一个是<servlet-mapping>。

在<servlet>标签中,可以配置 Servlet 的名字、调用的 Java 类以及 Servlet 初始化时传入的参数。在本例中,Servlet 名字是"FirstServlet",调用的 Java 类是"com. FirstServlet",即为 Servlet 的 package 名加上类名。在这个简单的 Servlet 中,不需要传递初始化参数给 Servlet,所以没有配置初始化参数,关于配置初始化参数,会在后边的例子里进行进一步讲解。

对于<servlet-mapping>,首先指定了 Servlet 的名字,然后设置 URL 连接,在这里,URL 设置的是"/FirstServlet"。这里的 Servlet 名字必须和上面的<servlet>标签中的<servlet-name>的值一致。

当页面中设定的连接和<url-pattern>中设定的值一致时,则会通过<servlet-name>找到对应 Servlet 类来运行。本例中,当页面的连接(a 标签或 form 设定的 action)是"/FirstServlet"时,则会通过 Servlet 的名字"FirstServlet"来找到对应的 Servlet 类"com.FirstServlet"来运行。

最后,在浏览器中输入:http://localhost/Servlet/FirstServlet,FirstServlet 的执行结果 如图 3-24 所示。

图 3-24 运行结果

提示:如果 tomcat 中设置的端口号不是 80,则需要加上端口号。比如 tomcat 设置的端口号为 8088,则访问网址为:http://localhost:8088/Servlet/FirstServlet。

3.3.2 Servlet 的生命周期

Servlet 的生命周期如图 3-25 所示。

图 3-25 Servlet 的生命周期

Servlet 运行在 Servlet 容器中，其生命周期由容器来管理。Servlet 的生命周期通过 ja-vax. servlet. Servlet 接口中的 init()、service()和 destroy()方法来表示。

Servlet 的生命周期包含了下面 4 个阶段：

（1）加载和实例化阶段

Servlet 容器负责加载和实例化 Servlet。当 Servlet 容器启动时，检测到需要 Servlet 来响应请求时，将加载 Servlet。当 Servlet 容器加载 Servlet 类时，它必须知道所需的 Servlet 类在什么位置，Servlet 容器可以从本地文件系统、远程文件系统或者其他的网络服务中通过类加载器加载 Servlet 类。Servlet 类成功加载后，容器将创建 Servlet 的实例。因为容器是通过 Java 的反射 API 来创建 Servlet 实例，调用的是 Servlet 的默认构造方法（即不带参数的构造方法），所以我们在编写 Servlet 类的时候，不应该提供带参数的构造方法。

（2）初始化阶段

Servlet 实例化之后，容器将调用 Servlet 的 init()方法初始化这个对象。初始化的目的是为了让 Servlet 对象在处理客户端请求前完成一些初始化的工作，如建立数据库的连接，获取配置信息等。对于每一个 Servlet 实例，init()方法只被调用一次。在初始化期间，Servlet 实例可以使用容器为它准备的 ServletConfig 对象从 Web 应用程序的配置信息（在 web. xml 中配置）中获取初始化的参数信息。这样 Servlet 的实例就可以把与容器相关的配置数据保存起来供以后使用。在初始化期间，如果发生错误，Servlet 实例可以抛出 Serv-letException 异常，一旦抛出该异常，Servlet 就不再执行，而随后对它的调用会导致容器对它重新载入并再次运行此方法。

（3）请求处理阶段

在成功执行 init()方法后，Servlet 容器调用 Servlet 的 service()方法对请求进行处理。在 service()方法中，通过 ServletRequest 对象得到客户端的相关信息和请求信息，在对请求进行处理后，调用 ServletResponse 对象的方法设置响应信息。对于 HttpServlet 类，该方法作为 HTTP 请求的分发器，它在任何时候都不能被重载。当请求到来时，service()方法决定请求的类型（如 GET、POST、HEAD、OPTIONS、DELETE、PUT、TRACE 等），并把请求分发给相应的处理方法（如 doGet()、doPost()、doHead()、doOptions()、doDelete()、doPut()、doTrace()等），每个 do 方法具有和第一个 service()相同的形式。常用方法是 do-Get()和 doPost()方法，为了响应特定类型的 HTTP 请求，必须重载相应的 do 方法。如果 Servlet 收到一个 HTTP 请求而没有重载相应的 do 方法，它就返回一个此方法对本资源不可用的标准 HTTP 错误。

（4）服务终止阶段

当容器检测到一个 Servlet 实例应该从服务中被移除的时候，容器就会调用实例的 de-stroy()方法，以便让该实例可以释放它所使用的资源，保存数据到持久存储设备中。在 de-stroy()方法调用之后，容器会释放这个 Servlet 实例，该实例随后会被 Java 的垃圾收集器所回收。如果再次需要这个 Servlet 处理请求，Servlet 容器会创建一个新的 Servlet 实例。

在整个 Servlet 的生命周期过程中，创建 Servlet 实例、调用实例的 init()和 destroy()方法都只进行一次，当初始化完成后，Servlet 容器会将该实例保存在内存中，通过调用它的 service()方法，为接收到的请求服务。

3.3.3 JSP 与 Servlet 的关系

Servlet 是服务器端的程序,动态生成 HTML 页面发到客户端,但是这样程序里有许多 out. println(),Java 和 HTML 语言混在一起很乱,所以后来推出了 JSP。其实 JSP 就是 Servlet,每一个 JSP 在第一次运行时被转换成 Servlet 文件,再编译成. class 来运行。有了 jsp,因此在 MVC 模式中 Servlet 不再负责生成 HTML 页面,转而担任控制程序逻辑的作用,控制 JSP 和 JavaBean 之间的流转。图 3 - 26 描述了 JSP 转化为 Servlet 的过程:

图 3 - 26 JSP 转化为 Servlet 的过程

应用的发展总是无止境的,随着 JSP 的广泛应用和各种设计模式的盛行,人们发现 JSP 也暴露了大量的问题:首先,夹杂服务端代码的 JSP 文件给后期维护和页面风格再设计带来大量阻碍,美工在修改页面的时候不得不面对大量看不懂的服务端代码,程序员在修改逻辑的时候经常会被复杂的客户端代码搞晕。交叉的工作流使得 JSP 面临大量的困境,这直接导致了 Java Web 框架技术的出现,框架技术倡导了 MVC 的概念。

3.4 JSP+Servlet+JavaBean 应用

3.4.1 应用举例 1

1. 应用简介

本例对上面 3.2.1 的计算盒子体积的案例进行改进,通过增加 Servlet,使得 JSP 文件实现显示和计算逻辑代码分离,从而使代码更加简洁、易于维护。

2. 创建步骤

(1) 实体类 Box 的代码跟之前一样,不需改变。

(2) 创建 TestServlet 类,具体代码如下:

```java
import java.io.IOException;
import java.io.PrintWriter;
import javax.servlet.ServletException;
import javax.servlet.ServletRequest;
import javax.servlet.ServletResponse;
import javax.servlet.annotation.WebServlet;
import javax.servlet.http.HttpServlet;
import javax.servlet.http.HttpServletRequest;
import javax.servlet.http.HttpServletResponse;
import beans.*;
@WebServlet("/TestServlet")
public class TestServlet extends HttpServlet {
    private static final long serialVersionUID = 1L;
    Box box = new Box();
    public TestServlet() {
        super();
        // TODO Auto-generated constructor stub
    }
    protected void doGet(HttpServletRequest request, HttpServletResponse response) throws ServletException, IOException {
        // TODO Auto-generated method stub
    }
    protected void doPost(HttpServletRequest request, HttpServletResponse response) throws ServletException, IOException {
        // TODO Auto-generated method stub
    }
    @Override
```

```
        protected void service(HttpServletRequest request, HttpServletResponse re-
sponse)
                throws ServletException, IOException {
        // TODO Auto-generated method stub
        super. service(request, response);
        String path = request.getContextPath();    //获取请求路径
        box. setLength(Double. parseDouble(request. getParameter("length")));
        box. setWidth(Double. parseDouble(request. getParameter("width")));
        box. setHeight(Double. parseDouble(request. getParameter("height")));
        request. getSession(). setAttribute("CV", box. getCV());
        response. sendRedirect(path+" /result. jsp");
    }
}
```

从以上代码可以看出,Servlet 类的创建继承了 HttpServlet 父类,接着定义了一个 Box 对象并实例化,然后在 service 方法中通过 request 对象获取了客户端传过来的球的属性,最后调用 getCV 计算长方体的体积,并把结果存放到 session 对象中后跳转到 result. jsp 页面。特别说明,service 方法名是特有的,不能随意改变,这个方法可以被自动调用。

(3) 创建用户设置长方体属性的录入界面 input. jsp 文件,具体代码如下:

```
<body>
<form action = "servlets /testservlet" >
        长<input type = "text" name = "length" > <br>
        宽<input type = "text" name = "width" >   <br>
        高<input type = "text" name = "height" > <br>
    <input   type = "submit"   value = "提交">
</form>
</body>
```

在该文件中,特别要注意的是 3 个 input 控件的 name 设置必须与实体类 Box 的 3 个属性对应,这样在 Servlet 类中就可以直接通过 box 对象获取相应的属性值。

(4) 创建 result. jsp 文件,具体代码如下:

```
<body>
    < % out. println("长方体的容积为:"+ session. getAttribute("CV") ); % >
</body>
```

在该文件中通过 session 对象的属性"CV"获取长方体的容积值。

(5) 创建了 Servlet 类后,一定要在 web. xml 文件中进行配置,web. xml 文件配置 Servlet 的主要代码如下:

```
<servlet>
    <servlet-name>testservlet</servlet-name>
```

```
        <servlet-class>
              servlets.TestServlet
          </servlet-class>
</servlet>
<servlet-mapping>
    <servlet-name>testservlet</servlet-name>
    <url-pattern> /servlets /testservlet</url-pattern>
</servlet-mapping>
```

在该文件中,定义了一个名为"testservlet"的<servlet-name>,它可以看作是类 servlets.
TestServlet 的实例,接着把这个实例通过<rl-pattern>与/servlets/testservlet 进行关联。通过
这样配置,就可以在 input. jsp 文件中通过<form action="servlets/testservlet">调用相应的
Servlet 类。

整个项目首先访问 input. jsp 文件,运行结果如图 3 - 27 所示。

图 3 - 27　input. jsp 文件运行结果

最终程序跳转到 result. jsp 页面,运行结果如图 3 - 28 所示。

长方体的容积为：120.0

图 3 - 28　input. jsp 文件运行结果

3.4.2　应用举例 2

该案例通过 JSP+ Servlet+ JavaBean 实现用户注册登录功能,该案例已经体现了 MVC
模式的思想,文件组织结构如图 3 - 29 所示。

- 模型:
  - User.java　(beans包)
  - UserDAO.java　(dao包)

- 控制器:
  - RegServlet.java　(servlets包)
  - LoginServlet.java　(servlets包)

- 视图: WebRoot下
  - 注册register.jsp
  - 登录login.jsp
  - 欢迎welcome.jsp

图 3 - 29　项目文件组织结构

该案例需要使用 MySQL 数据库 和软件 Navicat,这两个软件的安装在网上有大量说明文档,读者可自行上网查阅。本例设置数据库登录名 root,登录密码 654321(注:该密码需根据各自机器数据库安装实际情况进行设置),需创建数据库库,数据库名为 testdb。接着创建数据表,数据表名是 users,字段有 id,username,password,字段类型分别是整型数、字符串和字符串。注意,Java 操作 MySQL 数据库还需下载相应的 jar 包文件,如 mysql-connector-java-x. x. xx-bin. jar,具体文件可以到网上下载并进行配置。

```java
package beans;
public class User {
    private Integer id;
    private String username;
    private String password;
    public Integer getId() {
        return id;
    }
    public void setId(Integer id) {
        this.id = id;
    }
    public String getUsername() {
        return username;
    }
    public void setUsername(String username) {
        this.username = username;
    }
    public String getPassword() {
        return password;
    }
    public void setPassword(String password) {
        this.password = password;
    }
}
```

　　创建 UserDAO 类,代码如下:

```java
package dao;
import java.sql.DriverManager;
import java.sql.ResultSet;
import beans.User;
import com.mysql.jdbc.Connection;
import java.sql.PreparedStatement;
public class UserDAO {
```

```java
/* 数据库属性 */
public static final String DRIVER = "com.mysql.jdbc.Driver";
public static final String DBURL = "jdbc:mysql://localhost:3306/testdb";
public static final String DBUSER = "root";
public static final String DBPASS = "654321";
private Connection conn = null;
private PreparedStatement pStat = null;
private ResultSet rs = null;
public Connection getConnectionn(){
    try{
        Class.forName(DRIVER).newInstance();
        return (Connection) DriverManager.getConnection(DBURL, DBUSER, DB-
PASS);
    }catch(Exception e){
        return null;
    }
}
/* 关闭数据库连接对象 */
public void close(){
    try{
        if(rs! = null)rs.close();
        if(pStat! = null)pStat.close();
        if(conn! = null)conn.close();
    }catch(Exception e){
        e.printStackTrace();
    }
}
/* 根据用户名查询已有用户 */
public boolean findUserByName(String username){
    conn = getConnectionn();
    try{
        pStat = (PreparedStatement) conn
                    .prepareStatement("select * from users where
name = ?");
        pStat.setString(1, username);
        rs = pStat.executeQuery();
        if(rs.next()) return true;
        else return false;
```

```
        }catch(Exception e){
            return false;
        }
    }
    /* 根据用户名、密码查询已有用户 */
    public boolean findUser(String username, String password){
        conn = getConnectionn();
        try {
            pStat = conn.prepareStatement("select * from users where name = ?
and password = ?");
            pStat.setString(1, username);
            pStat.setString(2, password);
            rs = pStat.executeQuery();
            if( rs.next() )    return true;
            else      return false;
        }
        catch (Exception e) {     return false;}
    }
    /* 添加用户记录到数据库 */
    public boolean add(User user) {
        conn = getConnectionn();
        try {
            pStat = conn.prepareStatement("insert into users(name, password)
values(?,?)");
            pStat.setString(1, user.getUsername());
            pStat.setString(2, user.getPassword());
            int cnt = pStat.executeUpdate();
            if(cnt>0)      return true;
            else      return false;
        }
        catch (Exception e) {      return false;}
        finally{
            close();
        }
    } //end add
} //end class
```

创建 RegRervlet 类，代码如下：

```
import dao.UserDAO;
```

```java
import beans.User;
@WebServlet("/RegServlet")
public class RegServlet extends HttpServlet {
    private static final long serialVersionUID = 1L;
    protected void doGet(HttpServletRequest request, HttpServletResponse response) throws ServletException, IOException {
        // TODO Auto-generated method stub
    }
    protected void doPost(HttpServletRequest request, HttpServletResponse response) throws ServletException, IOException {
        // TODO Auto-generated method stub
    }
    public void service(HttpServletRequest request, HttpServletResponse response)
            throws ServletException, IOException {
        String username = request.getParameter("username");
        String password = request.getParameter("password");
        String path = request.getContextPath();    //获取请求路径
        User user = new User();
        user.setUsername(username);
        user.setPassword(password);
        UserDAO userdao = new UserDAO();
        if( userdao.findUserByName(username) ){
            request.getSession().setAttribute("err", "用户名已存在");
            response.sendRedirect(path+"/register.jsp");
        }
        else{
            boolean flag = userdao.add(user);
            if(flag){
                request.getSession().setAttribute("username", username);
                response.sendRedirect(path+"/welcome.jsp");
            }
            else{
                request.getSession().setAttribute("err", "注册失败");
                response.sendRedirect(path+"/register.jsp");
            }
        }
    }  // end service
```

```
}
```

创建 LogServlet 类，代码如下：

```java
public void service(HttpServletRequest request, HttpServletResponse response)
throws ServletException, IOException {
    String username = request.getParameter("username");
    String password = request.getParameter("password");
    String path = request.getContextPath();
    UserDAO userdao = new UserDAO();
    boolean flag = userdao.findUser(username, password);
    if( flag ) {
        request.getSession().setAttribute("username", username);
        response.sendRedirect(path+" /welcome.jsp");
    }
    else{
        request.getSession().setAttribute("err", "用户名或密码不正确!");
        response.sendRedirect(path+" /login.jsp");
    }
}
```

创建 register.jsp 页面文件，主要代码如下：

```html
<body>
    <form action = "servlets /regservlet">
    用户名<input type = "text" name = "username"><br />
            密码<input type = "password" name = "password"><br />
    确认密码<input type = "password" name = "repassword"><br />
        <input type = "submit" value = "注册">
        <input type = "reset" value = "重填">
    </form>
</body>
```

创建 login.jsp 页面文件，主要代码如下：

```html
<form action = "servlets /loginservlet">
        用户名<input type = "text" name = "username"><br />
        密码<input type = "password" name = "password"><br />
        <input type = "submit" value = "登录">
        <input type = "reset" value = "重填">
</form>
```

创建 welcome.jsp 页面文件，主要代码如下：

```
<body>
<%
```

```
String username = (String)session.getAttribute("username");
if(username! = null&&! username. isEmpty()) { %>
        你已经登录,欢迎<% = session. getAttribute("username") %>
<% }
else{
        out. print("你还没有登录,3 秒后自动跳往登录页面");
        String path = request.getContextPath();
        response. setHeader("refresh", "3;url = "+ path+" /login. jsp");
} %>
</body>
```

还需配置 web. xml 文件,设置 RegServlet 和 LoginServlet,主要内容如下:

```
<servlet>
    <servlet-name>regservlet</servlet-name>
    <servlet-class>
            servlets. RegServlet
        </servlet-class>
</servlet>
<servlet-mapping>
    <servlet-name>regservlet</servlet-name>
    <url-pattern> /servlets /regservlet</url-pattern>
</servlet-mapping>

    <servlet>
    <servlet-name>loginservlet</servlet-name>
    <servlet-class>
            servlets. LoginServlet
        </servlet-class>
</servlet>
<servlet-mapping>
    <servlet-name>loginservlet</servlet-name>
    <url-pattern> /servlets /loginservlet</url-pattern>
</servlet-mapping>
```

在本例中,UserDAO 需要对数据库中的数据表记录进行操作,使用了 JDBC 的相关对象,如 Connection、PreparedStatement 、ResultSet 和 DriverManager 等,下面具体了解一下 JDBC 的相关知识。

3.5 JDBC 基本概念

1. 数据库安装及其驱动程序的安装,本书就不对这个过程展开阐述了。

2. JDBC 的作用概括起来有如下 3 个方面:

(1) 建立与数据库的连接

(2) 向数据库发起查询请求

(3) 处理数据库返回结果

3. JDBC 重要类或接口

这些作用是通过一系列 API 实现的,其中的几个重要类或接口如表 3-1 所示。

表 3-1 JDBC 重要类或接口

接　口	作　用
java. sql. DriverManager	处理驱动程序的加载和建立新数据库连接
java. sql. Connection	处理与特定数据库的连接
java. sql. Statement	在指定连接中处理 SQL 语句
java. sql. ResultSet	处理数据库操作结果集

(1) Driver 接口

每种数据库的驱动程序都应该提供一个实现 java. sql. Driver 接口的类,简称 Driver 类,在加载某一驱动程序的 Driver 类时,它应该创建自己的实例并向 java. sql. DriverManager 类注册该实例。

通常情况下通过 java. lang. Class 类的静态方法 forName(String className),加载欲连接数据库的 Driver 类,该方法的入口参数为欲加载 Driver 类的完整路径。成功加载后,会将 Driver 类的实例注册到 DriverManager 类中,如果加载失败,将抛出 ClassNotFoundException 异常,即未找到指定 Driver 类的异常。实现代码如下:

```
Class.forName("com.microsoft.jdbc.sqlserver.SQLServerDriver");
```

(2) DriverManager 类

java. sql. DriverManager 类负责管理 JDBC 驱动程序的基本服务,是 JDBC 的管理层,作用于用户和驱动程序之间,负责跟踪可用的驱动程序,并在数据库和驱动程序之间建立连接;另外,DriverManager 类也处理诸如驱动程序登录时间限制及登录和跟踪消息的显示等工作。成功加载 Driver 类并在 DriverManager 类中注册后,DriverManager 类即可用来建立数据库连接。

当调用 DriverManager 类的 getConnection() 方法请求建立数据库连接时,DriverManager 类将试图定位一个适当的 Driver 类,并检查定位到的 Driver 类是否可以建立连接,如果可以则建立连接并返回,如果不可以则抛出 SQLException 异常。

```
static Connection getConnection(String url, String username, String password):
```

通过指定的数据的 URL 及用户名、密码创建数据库连接。该方法中还需创建指定数据库的 URL。要建立与数据库的连接,首先要创建指定数据库的 URL,数据库的 URL 对象类似网络资源的统一定位。其构成格式如下：

> jdbc:subProtocol:subName://hostname:port;DatabaseName = XXX

其中:jdbc 表示当前通过 Java 的数据库连接进行数据库访问。subProtocal 表示通过某种驱动程序支持的数据库连接机制。subName 表示在当前连接机制下的具体名称。host-Name 表示主机名。port 表示相应的连接端口。DatabaseName 是要连接的数据库的名称。按照上述构造规则,可以构造如下类型的数据库 URL：

> jdbc.microsoft:sqlserver://localhost:1433;DatabaseName = xsgl

该数据库 URL 表示利用 Microsoft 提供的机制,选择名称为 SQLServer 的驱动,通过 1433 端口访问本机上的 xsgl 数据库,若使用的数据库是 MySQL,则默认端口是 3306,当然这个端口是可以修改的。

其中,DriverManager 类提供的常用静态方法如表 3 - 2 所示。

表 3 - 2　DriverManager 类的常用静态方法

方法名称	功能描述
getConnection(String url, String user, String password)	用来获得数据库连接,3 个入口参数依次为要连接数据库的 URL、用户名和密码,返回值的类型为 java. sql. Connection
setLoginTimeout(int seconds)	用来设置每次等待建立数据库连接的最长时间
setLogWriter (java. io. Print-Writer out)	用来设置日志的输出对象
println(String message)	用来输出指定消息到当前的 JDBC 日志流

（3）Connection 对象

Connection 是用来表示数据库连接的对象,对数据库的一切操作都是在这个连接基础上进行的。Connection 类的主要方法如表 3 - 3 所示。

表 3 - 3　Connection 类的主要方法

方法名称	功能描述
createStatement()	创建并返回一个 Statement 实例,通常在执行无参的 SQL 语句时创建该实例
prepareStatement()	创建并返回一个 PreparedStatement 实例,通常在执行包含参数的 SQL 语句时创建该实例,并对 SQL 语句进行了预编译处理
prepareCall()	创建并返回一个 CallableStatement 实例,通常在调用数据库存储过程时创建该实例
setAutoCommit()	设置当前 Connection 实例的自动提交模式。默认为 true,即自动将更改同步到数据库中;如果设为 false,需要通过执行 commit()或 rollback()方法手动将更改同步到数据库中
getAutoCommit()	查看当前的 Connection 实例是否处于自动提交模式,如果是则返回 true,否则返回 false
setSavepoint()	在当前事务中创建并返回一个 Savepoint 实例,前提条件是当前的 Connection 实例不能处于自动提交模式,否则将抛出异常
releaseSavepoint()	从当前事务中移除指定的 Savepoint 实例

方法名称	功能描述
setReadOnly()	设置当前 Connection 实例的读取模式,默认为非只读模式。不能在事务当中执行该操作,否则将抛出异常。有一个 boolean 型的入口参数,设为 true 表示开启只读模式,设为 false 表示关闭只读模式
isReadOnly()	查看当前的 Connection 实例是否为只读模式,如果是则返回 true,否则返回 false
isClosed()	查看当前的 Connection 实例是否被关闭,如果被关闭则返回 true,否则返回 false
commit()	将从上一次提交或回滚以来进行的所有更改同步到数据库,并释放 Connection 实例当前拥有的所有数据库锁定
rollback()	取消当前事务中的所有更改,并释放当前 Connection 实例拥有的所有数据库锁定。该方法只能在非自动提交模式下使用,如果在自动提交模式下执行该方法,将抛出异常。有一个参数为 Savepoint 实例的重载方法,用来取消 Savepoint 实例之后的所有更改,并释放对应的数据库锁定
close()	立即释放 Connection 实例占用的数据库和 JDBC 资源,即关闭数据库连接

4. 数据的基本操作

数据的基本操作主要是指对数据的查看、添加、修改、删除、查询等操作,利用 Connection 对象的 createStatement 方法建立 Statement 对象,在利用 Statement 对象的 executeQuery() 的方法执行 SQL 语句进行查询,返回结果集。再利用形如 getXXX() 的方法从结果集中读取数据。

（1）Statement

Java 所有 SQL 语句都是通过陈述(Statement)对象实现的。Statement 用于在已经建立的连接的基础上向数据库发送 SQL 语句的对象。

1Statement 对象的建立

■ 通过 Connection 对象的 createStatement 方法建立 Statement 对象。

```
Statement stmt = con.createStatement();
```

如果要建立可滚动的记录集,需要使用如下格式的方法:

```
public Statement createStatement ( int resultSetType, int resultSetConcurrency)
throws SQLException
```

其中,resultSetType 可取下列常量:

■ ResultSet. TYPE_FORWARD_ONL:只能向前,默认值。

■ ResultSet. TYPE_SCROLL_INSENSITIVE:可操作数据集的游标,但不反映数据的变化。

■ ResultSet. TYPE_SCROLL_SENSITIVE:可操作数据集的游标,反映数据的变化。

■ resultSetConcurrency 的取值。

■ ResultSet. CONCUR_READ_ONLY:不可进行更新操作。

■ ResultSet. CONCUR_UPDATABLE:可以进行更新操作,默认值。

■ Statement 对象的方法。

■ Statement 对象提供了三种执行 SQL 语句的方法。

■ ResultSet executeQuery(String sql)：执行 Select 句，返回一个结果集。

■ int executeUpdate(String sql)：执行 update、insert、delete 等不需要返回结果集的 SQL 语句。它返回一个整数，表示执行 SQL 语句影响的数据行数。

■ boolean execute(String sql)：用于执行多个结果集、多个更新结果（或者两者都有）的 SQL 语句。它返回一个 boolean 值。如果第一个结果是 ResultSet 对象，返回 true；如果是整数，就返回 false。取结果集时可以与 getMoreResultSet、getResultSet 和 getUpdateCount 结合来对结果进行处理。

（2）ResultSet

ResultSet 对象实际上是一个由查询结果数据构成的表。在 ResultSet 中隐含着一个指针，利用这个指针移动数据行，可以取得所要的数据，或对数据进行简单的操作。其主要的方法有：

■ boolean absolute(int row)：将指针移动到结果集对象的某一行。

■ void afterLast()：将指针移动到结果集对象的末尾。

■ void beforeFrist()：将指针移动到结果集对象的头部。

■ boolean first()：将指针移动到结果集对象的第一行。

■ boolean next()：将指针移动到当前行的下一行。

■ boolean previous()：将指针移动到当前行的前一行。

■ boolean last()：将指针移动到当前行的最后一行。

■ 此外还可以使用一组 getXXX() 方法，读取指定列的数据。XXX 是 JDBC 中 Java 语言的数据类型。这些方法的参数有两种格式，一是用 int 指定列的索引，二是用列的字段名（可能是别名）来指定列。如：

```
String strName = rs.getString(2);
String strName = rs.getString("name");
```

巩固练习

1. 写出 JSP 的内置对象及作用。
2. 进一步了解 JSP 与 JavaBean 的关系及使用。
3. 理解 JSP+ Servlet+ JavaBean 开发模式（MVC 模式），并对书中例子进行扩展。

【微信扫码】
习题解答 & 相关资源

第4章　Struts 2 概述及基本应用

学习目标

1. 了解 MVC 的核心思想
2. 了解 Struts 2 工作流程
3. 了解 Struts 2 中的基本元素作用
4. 掌握 Struts 2 的数据验证方法
5. 了解 Struts 2 标签库的组成
6. 了解 Struts 2 拦截器的作用
7. 掌握 Struts 2 文件上传功能
8. 使用 Struts 2 框架实现用户注册功能

　　Struts 2 是 Struts 1 的下一代产品,是在 Struts 1 和 WebWork 两个 MVC 框架基础上进行了合并的全新 Struts 2 框架。其全新的体系结构与 Struts 1 的体系结构差别巨大。Struts 2 以 WebWork 为核心,采用拦截器的机制来处理用户的请求,这样的设计也使得业务逻辑控制器能够与 Servlet API 完全脱离开,所以 Struts 2 可以理解为 WebWork 的更新产品。虽然从 Struts 1 到 Struts 2 有着太大的变化,但是相对于 WebWork,Struts 2 的变化很小。因为 Struts 2 是 WebWork 的升级,而不是一个全新的框架,因此稳定性、性能等各方面都有很好的保证,而且吸收了 Struts 1 和 WebWork 两者的优势,因此,是一个值得学习和了解的框架。

4.1　Struts 2 概述

4.1.1　MVC 思想概述

1. MVC 基本介绍

　　MVC 架构的核心思想是:将程序分成相对独立,而又能协同工作的三个部分。通过使用 MVC 架构,可以降低模块之间的耦合,提供应用的可扩展性。另外,MVC 的每个组件只关心组件内的逻辑,不应与其他组件的逻辑混合。MVC 并不是 Java 所独有的概念,而是面向对象程序都应该遵守的设计理念。

2. JSP Model1 和 Mode2 回顾

(1) JSP 设计模式 1

　　在 JSP 技术的发展初期,由于其便于快速开发的优点,很快就成为创建 Web 应用的热门技术之一。在 JSP 页面中可以很容易地实现内容的显示、业务逻辑的编写以及流程的控制,从而快速地完成应用开发。最初很多的 Java Web 应用甚至全部由 JSP 页面构成,这种以 JSP 为中心的开发模型称为 Model 1(设计模式 1)。具体实现方式如图 4-1 所示。

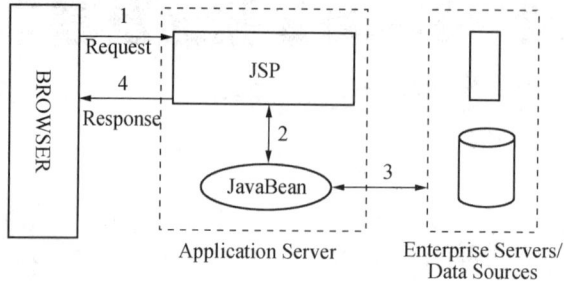

图 4-1 Model 1

在设计模式 1 中,JSP 页面负责接收处理客户端的 Web 浏览器发送的请求,并在处理后直接进行响应间一般会借助 Java Bean 处理复杂的业务逻辑。

(2) JSP 设计模式 2

Model2 则是 MVC 设计模式的一种具体实现方式。在 Model2 中采用 Servlet 作为控制器,负责接收客户端 Web 浏览器发送的所有请求,并依据处理的不同结果,转发到对应的 JSP 页面实现在浏览器客户端显示。具体实现方式如图 4-2 所示。

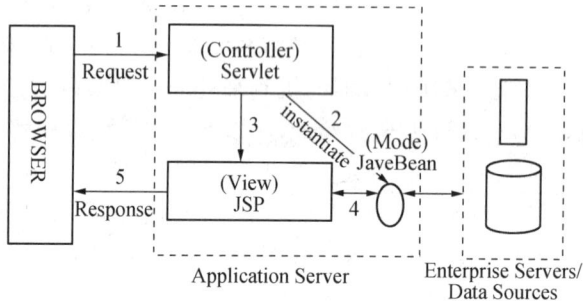

图 4-2 Model 2

MVC(Model-View-Controller)模式,即模型—视图—控制器模式,其核型思想是将整个程序代码分成相对独立而又能协同工作的 3 个组成部分,这 3 个部分分别是:

① 模型(Model):业务逻辑层。实现具体的业务逻辑、状态管理的功能。

② 视图(View):表示层。即与用户实现交互的界面,通常实现数据的输入和输出功能。

③ 控制器(Controller):控制层。起到控制整个业务流程(Flow Control)的作用,实现 View 和 Model 的协同工作。

MVC 设计模式的结构及各组成部分间的通信方式如图 4-3 所示。

Struts 2 是一个基于 Model2 的开源的 MVC 框架,担当了 Servlet 职责,即任何一个处理请求都会经过 Struts 2 框架,由它进行分发。Struts 2 将 MVC 模式应用于 Web 程序设计,从而进一步改进和提高 JSP、Servlet、标签库以及面向对象的技术水准。

相比于 JSP+ Servlet+ JavaBean 这种 MVC 实现模式,Struts 2 更具有以下优点:

① 开发方便及便于扩展(软件工程的核心思想);

② 提供 Exception 处理机制;

图 4 - 3　MVC 通信

③ Result 方式的页面导航,通过 Result 标签很方便地实现重定向和页面跳转;

④ 通过简单、集中的配置来调度业务类,使得配置和修改都非常容易;

⑤ 提供简单、统一的表达式语言来访问所有可供访问的数据;

⑥ 提供标准、强大的验证框架和国际化框架;

⑦ 提供强大的、可以有效减少页面代码的标签;

⑧ 提供良好的 Ajax 支持。

4.1.2　Struts 2 的基本流程

(1) Web 浏览器请求一个资源。

(2) 过滤器 Dispatcher 查找请求,确定适当的 Action。

(3) 拦截器自动对请求应用通用功能,如验证和文件上传等操作。

(4) Action 的 execute 方法通常用来存储和(或)重新获得信息(通过数据库)。

(5) 结果被返回到浏览器。可能是 HTML、图片、PDF 或其他。

其实,Struts 2 框架的应用着重在控制上。简单的流程是:页面→控制器→页面。最重要的是控制器的取数据与处理后传数据的过程。Struts 2 的体系结构还可以参考图 4 - 4,更直观地展现出其流程。

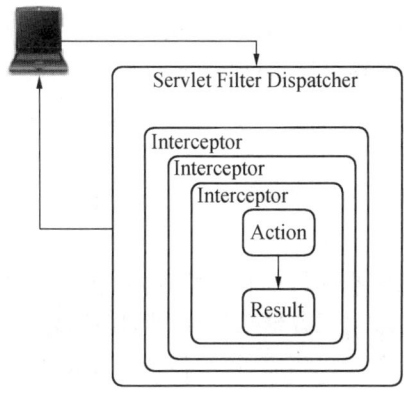

图 4 - 4　Struts 2 的体系结构

4.2 Struts 2 简单实例开发及工作流程

4.2.1 Struts 2 简单实例开发

Struts 2 虽仍可看作 Struts 的第二个版本,但在配置和使用上已经与 Struts 1 相差太大,Struts 2 实际上是在 WebWork 基础上构建起来的 MVC 框架。我们从 Struts 2 的源代码中可以看到,有很多都是直接使用了 xwork(WebWork 的核心技术)的包。从技术上讲 Struts 2 是全新的框架,接下来就学习一下这个新的框架的使用方法。

对于使用过 Struts 1.x 的程序开发者而言,应该非常清楚创建基于 Struts 1.x 的 Web 程序的基本步骤,首先回顾一下创建基于 Struts1.x 的 Web 程序的基本步骤。

(1)安装 Struts。由于 Struts 的入口点是 ActionServlet,所以该 Servlet 得在 web.xml 中配置一下。

(2)编写 Action 类(一般从 org.apache.struts.action.Action 类继承)。

(3)编写 ActionForm 类(一般从 org.apache.struts.action.ActionForm 类继承),这一步不是必须的,如果要接收客户端提交的数据,需要执行这一步。

(4)在 struts-config.xml 文件中配置 Action 和 ActionForm。

(5)若需要采集用户输入的数据,则需要编写 JSP 页面,并通过这些 JSP 页面中的 form 将数据提交给 Action。

接下来编写一个基于 Struts 2 的 Web 应用实例,在创建该应用实例过程中,会把每个步骤与创建 Struts 1 的应用实例步骤做适当比较。这个应用实例的功能是让用户输入两个整数,并提交给一个 Struts Action,并计算这两个数的代数和,如果代数和为非负数,则跳转到 positive.jsp 页面,否则跳转到 negative.jsp 页面。

1. 下载 Struts 2

登录 http://struts.apache.org/,下载 struts-2.x.x-all.zip。下载完后解压文件,开发 Struts 2 应用需要依赖的".jar"文件在解压目录的 lib 文件夹下。不同的应用需要的 jar 包是不同的,下面给出了开发 Struts 2 程序最少需要的 jar,分别是:

■ struts2-core-3.x.x.jar:Struts 2 框架的核心类库;

■ xwork-core-3.x.x.jar:XWork 类库,Struts 2 使用 WebWork 的核心技术的类库;

■ ognl-3.0.x.jar:对象图导航语言(Object Graph Navigation Language),Struts 2 框架使用的一种表达式语言;

■ freemarker-2.3.x.jar:Struts 2 的 UI 标签的模板使用 FreeMarker 编写;

■ commons-logging-1.1.x.jar:ASF 出品的日志包,Struts 2 框架使用这个日志包来支持 Log4J 和 JDK 1.4+的日志记录。

随着版本的不同,所需包名和数目都有所差异,因此为避免出现缺少 JAR 包的现象,比较省事的做法是:如果不需要跟第三方框架集成,把不带-plugin 结尾的".jar"文件都添加入类路径即可;如果需要跟第三方框架集成,这时候还需要加入对应的-plugin 结尾的".jar"文件。例如跟 spring 集成,需要加入 struts 2-spring-plugin-2.x.x.jar。

2. 建立项目并配置 Eclipse

打开 Eclipse,建立一个 Web 项目,命名为"FirstStruts 2"。加载 Struts 2 基本类库,下面把这几个类库添加到项目中。

右击项目名,选择【Build Path】→【Configure Build Path】菜单项,出现如图 4-5 所示的对话框。单击【Add External JARs】按钮,进入下载的 Struts 2 目录的 lib 文件夹,选中包括上面的 5 个在内的 7 个 jar 包,单击【OK】按钮完成类库的添加。

图 4-5 Eclipse 添加类库

3. 配置 web. xml

这一步对于 Struts 1 和 Struts 2 都是必须的,只是安装的方法不同。Struts 1 的入口点是一个 Servlet,而 Struts 2 的入口点是一个过滤器(Filter)。因此,Struts 2 要按过滤器的方式配置,web. xml 文件代码如下:

```
<?xml version = "1.0" encoding = "UTF-8"?>
<web-app version = "2.5"
    xmlns = "http://java.sun.com/xml/ns/javaee"
    xmlns:xsi = "http://www.w3.org/2001/XMLSchema-instance"
    xsi:schemaLocation = "http://java.sun.com/xml/ns/javaee
    http://java.sun.com/xml/ns/javaee/web-app_2_5.xsd">
<welcome-file-list>
    <welcome-file>index.jsp</welcome-file>
</welcome-file-list>
<filter>
    <filter-name>struts2</filter-name>
```

```
    <filter-class>
            org. apache. struts2. dispatcher. FilterDispatcher
    </filter-class>
  </filter>
<filter-mapping>
    <filter-name>struts2</filter-name>
    <url-pattern> /* </url-pattern>
  </filter-mapping>
</web-app>
```

4. 编写 Action 类

这一步和 Struts 1 也必须进行。只是 Struts 1 中的动作类必须从 Action 类中继承,而 Struts 2 的动作类需要从 com. opensymphony. xwork2. ActionSupport 类继承。下面是计算两个整数代码和的 Action 类,代码如下:

```
package action;
import com. opensymphony. xwork2. ActionSupport;
public class FirstAction extends ActionSupport{
    private static final long serialVersionUID = 1L;
    private int operand1;
    private int operand2;
    private int sum;
    public String execute() throws Exception{
        if(getSum()>=0)//如果代码数和是非负整数,跳到 positive. jsp 页面
        {
            return"positive";
        }
        else //如果代码数和是负整数,跳到 negative. jsp 页面
        {
            return"negative";
        }
    }
    public int getOperand1()
    {
        return operand1;
    }
    public void setOperand1(int operand1)
    {
        System. out. println(operand1);
        this. operand1 = operand1;
```

```
    }
    public int getOperand2( )
    {
        return operand2;
    }
    public void setOperand2(int operand2)
    {
        System. out. println(operand2);
        this. operand2 = operand2;
    }
    public int getSum( )
    {
        return operand1 + operand2;  //计算两个整数的代码数和
    }
}
```

从上面的代码可以看出,动作类的一个特征就是要重写 execute 方法,只是 Struts 2 的 execute 方法没有参数了,而 Struts 1 的 execute 方法有四个参数。而且 execute 方法的返回值也不同的,Struts 2 只返回一个 String,用于表述执行结果(就是一个标志)。在 Struts 1 中,必须要单独建立一个 ActionForm 类(或是定义一个动作 Form),而在 Struts 2 中 ActionForm 和 Action 已经二合一了。从本步骤的代码可以看出,后面的部分就是应该写在 ActionForm 类中的内容。所以本例的 ActionForm 类已经编写完成(就是 Action 类的后半部分)。

5. 创建并配置 Struts. xml

这一步 Struts 1 和 Struts 2 都是必须的,只是在 Struts 1 中的配置文件一般叫 struts-config. xml(当然也可以是其他的文件名),而且一般放到 WEB-INF 目录中。而在 Struts 2 中的配置文件一般为 struts. xml,放到 src 目录中。下面是在 struts. xml 中配置动作类的代码:

```xml
<?xml version = "1. 0" encoding = "UTF - 8"?>
<!DOCTYPE struts PUBLIC
    " - //Apache Software Foundation//DTD Struts Configuration 2. 0//EN"
    "http: //struts. apache. org /dtds /struts-2. 0. dtd">
    <struts>
        <package name = "struts 2" namespace = " /mystruts" extends = "struts-default">
            <action name = "sum" class = "action. FirstAction">
                <result name = "positive"> /positive. jsp</result>
                <result name = "negative"> /negative. jsp</result>
            </action>
```

```
    </package>
</struts>
```

在<struts>标签中可以有多个<package>,第一个<package>可以指定一个 Servlet 访问路径(不包括动作名),如"/FirstStruts 2"。extends 属性继承一个默认的配置文件 "struts-default",一般都继承于它。<action>标签中的 name 属性表示动作名,class 表示动作类名。<result>标签的 name 实际上就是 execute 方法返回的字符串,如果返回的是 "positive",就跳转到 positive.jsp 页面,如果是"negative",就跳转到 negative.jsp 页面。在 <struts>中可以有多个<package>,在<package>中可以有多个<action>。我们可以 用如下的 URL 来访问这个动作:http://localhost:8080/FirstStruts 2/sum.action。

注:Struts 1 的动作一般都以".do"结尾,而 Struts 2 是以".action"结尾。

6. 编写用户录入接口(JSP 页面)

在 Web 根目录建立一个 sum.jsp,代码如下:

```
<%@ page language = "java" import = "java.util. * " pageEncoding = "GB2312" %>
<%@taglib prefix = "s" uri = " /struts-tags" %>
<!DOCTYPE HTML PUBLIC " - //W3C//DTD HTML 4.01 Transitional//EN">
<html>
  <head>
    <title>输入操作数</title>
  </head>
  <body>
    求代数和   <br />
    <s:form action = "mystruts /sum.action">
        <s:textfield name = "operand1" label = "操作数 1"/>
        <s:textfield name = "operand2" label = "操作数 2"/>
            <s:submit value = "代数和"/>
    </s:form>
  </body>
</html>
```

在 sum.jsp 中使用了 Struts 2 带的标签库,在 Struts 2 中已经将 Struts 1 的好几个标签库都统一了,在 Struts2 中只有一个标签库"/ struts-tags"。这里面包含了所有的Struts 2 标签。但使用 Struts2 的标签要注意一下,在<s:form>中最好都使用 Struts2 标签,尽量不要用 HTML 或普通文本的标签。

接着,创建 positive.jsp 文件,代码如下:

```
<%@ page language = "java" import = "java.util. * " pageEncoding = "GB2312" %>
<%@taglib prefix = "s" uri = " /struts-tags" %>
<!DOCTYPE HTML PUBLIC " - //W3C//DTD HTML 4.01 Transitional//EN">
<html>
```

```
<head>
    <title>显示代数和</title>
</head>
<body>
    代数和为非负整数    <br />
    <h1><s:property value = "sum"/></h1>
</body>
</html>
```

最后,创建 negative.jsp 文件,代码如下:

```
<%@ page language = "java" import = "java.util.*" pageEncoding = "GB2312"%>
<%@taglib prefix = "s" uri = "/struts-tags"%>
<!DOCTYPE HTML PUBLIC "-//W3C//DTD HTML 4.01 Transitional//EN">
<html>
    <head>
        <title>显示代数和</title>
    </head>
    <body>
        代数和为负整数    <br />
        <h1><s:property value = "sum"/></h1>
    </body>
</html>
```

这两个 jsp 页面的实现代码基本一样,只使用了一个<s:property>标签来显示 Action 类中的 sum 属性值。<s:property>标签是从 request 对象中获得了一个对象中得到的 sum 属性。

7. 部署运行

部署 FirstStuts2 项目到 Tomcat 的 webapps 目录下,启动 Tomcat 之后,打开浏览器,在地址栏输入 http://localhost:8080/FirstStuts2/sum.jsp,然后回车,浏览器出现如图 4-6 所示。

图 4-6   sum.jsp

如果输入两个数和为负数,则出现如图4-7所示。

图4-7 负数显示

如果输入两个数和为正数,则出现如图4-8所示,即表示运行成功。

图4-8 正数显示

4.3 Struts 2 的工作流程及文件详解

4.3.1 Struts 2 的工作流程

当用户通过访问"*. action "发送一个请求后,"web. xml"文件中配置的 FilterDis-patcher 就会过滤该请求。如果该请求是以". action"结尾,则该请求会被转入 Struts 2 框架处理。这时 Struts 2 框架中的配置文件"struts. xml"会起到映射作用,它会根据"*"来决定调用用户定义的某个 Action 类。

例如在项目 FirstStruts2 中,请求为"sum. action",前面"*"的部分是"sum",所以在 struts. xml 中有个 Action 类的 name 为"sum",这表示该请求与这个 Action 匹配,就会调用该 Action 中 class 属性指定的 Action 类。但是在 Struts2 中,用户定义的 Action 类并不是业务控制器,而是 Action 代理,其并没有和 Servlet API 耦合。所以,Struts 2 框架提供了一系列的拦截器，它负责将 HttpServletRequest 请求中的请求参数解析出来，传入到用户定义的 Action 类中。接着，调用 execute()方法处理用户请求，处理结束后，会返回一个值。返回值的过程中，Struts 2 框架的 struts.xml 文件又起到映射作用，会根据其返回值决定跳转到哪个页面。整个处理流程如图 4-9 所示。

图 4-9 **Struts 2 处理流程**

4.3.2 Struts 2 中主要文件详解

1. web.xml 文件

文件中的 webapp 标签中配置了下面这样一段，内容如下：

```
...
<filter>
    <filter-name>struts2</filter-name>
    <filter-class>org.apache.struts2.dispatcher.FilterDispatcher</filter-class>
</filter>
<filter-mapping>
    <filter-name>struts2</filter-name>
    <url-pattern>/*</url-pattern>
</filter-mapping>
...
```

从上述代码中配置了一个过滤器，接下来介绍一下过滤器的使用。

Filter 过滤器是实现了 java.Servlet.Filter 接口的应用程序，过滤器可以自定义，也可以是框架自带的，它运行在用户请求和处理程序之间。过滤器会对用户请求和处理程序响应的内容进行处理，主要用于权限控制、编码转换等。

过滤器必须实现 java.Servlet.Filter 接口，该接口中含有 3 个过滤器类必须实现的方法：

(1) init(FilterConfig)：Servlet 过滤器的初始化方法，Servlet 容器创建 Servlet 过滤器实例后将调用这个方法。

（2）doFilter(ServletRequest,ServletResponse,FilterChain)：完成实际的过滤操作，当用户请求与过滤器关联的 URL 时，Servlet 容器首先调用过滤器的 doFilter 方法，返回响应之前也会调用此方法。FilterChain 参数用于访问过滤器链上的下一个过滤器。

（3）destroy()：Servlet 容器在销毁过滤器实例前调用该方法，这个方法可以释放 Servlet 过滤器占用的资源，过滤器类实现后，需要在 web.xml 中进行配置，内容如下：

```
<filter>
    <!--自定义的名称-->
    <filter-name>过滤器名</filter-name>
    <!--自定义的过滤器类,注意:过滤器的类名前要加上所在包名-->
    <filter-class>过滤器对应类</filter-class>
    <init-param>
        <!--类中参数名称-->
        <param-name>参数名称</param-name>
        <!--对应参数的值-->
        <param-value>参数值</param-value>
    </init-param>
</filter>
```

过滤器的关联方式有 3 种：关联某个 URL、关联 URL 目录下的所有资源、关联一个 Servlet。

（1）关联某个 URL 资源：

```
<filter-mapping>
    <!--这里与 filter 配置的名称要相同-->
    <filter-name>过滤器名</filter-name>
    <!--与该 URL 资源关联-->
    <url-pattern>xxx.jsp</url-pattern>
</filter-mapping>
```

（2）关联 URL 目录下的所有资源：

```
<filter-mapping>
    <filter-name>过滤器名</filter-name>
    <url-pattern>/*</url-pattern>
</filter-mapping>
```

（3）关联某个 Servlet：

```
<filter-mapping>
    <filter-name>过滤器名</filter-name>
    <url-pattern>Servlet 名称</url-pattern>
</filter-mapping>
```

2. struts. xml 文件

struts. xml 文件通常放在 Web 应用程序的 WEB-INF/classes 目录下,Struts 2 框架会自动加载该目录下的 struts. xml 文件。

struts. xml 文件本身是一个 XML 文件,文件前面是 XML 的头文件,接着是 <struts> 标签,该标签把其他标签都包含在内。

在开发实际应用过程中,应用规模会不断增加,应用中 Action 数量也将大量增加,导致 struts. xml 配置文件变得非常臃肿。为了避免 struts. xml 文件过于庞大、臃肿,提高 struts. xml 文件的可读性,可以将一个 struts. xml 配置文件内容分解成多个单独的配置文件,然后在 struts. xml 文件中把这些单独的配置文件包含进来。下面的 struts. xml 文件通过 <include> 元素包含了多个单独配置文件:

```
<?xml version = "1.0" encoding = "UTF - 8"?>
<!DOCTYPE struts PUBLIC
    " - //Apache Software Foundation//DTD Struts Configuration 2.0//EN"
    "http://struts.apache.org/dtds/struts-2.0.dtd">
<struts>
    <include file = "struts-login.xml"/>
    <include file = "struts-opreate.xml"/>
</struts>
```

通过这种方式,我们就可以将 Struts 2 的 Action 按模块配置在多个配置文件中。

3. package 元素

在 Struts 2 框架中 Action 主要通过包来管理,这里包的作用类似于 Java 中的类包,它主要用于管理一组业务功能相关的 Action。在实际应用中,应该把一组业务功能相关的 Action 放在同一个 package 下。

配置 package 时必须指定 name 属性,如果其他 package 要继承该 package,必须通过该属性进行引用。package 的 namespace 属性用于定义该 package 的命名空间,该属性是可选的。如果不指定该属性,默认的命名空间为" "(空字符串)。

通常每个 package 都应该继承 struts-default 包,struts-default 包是由 Struts 2 内置的,它定义了 Struts 2 内部的拦截器和 Result type,例如在 struts. xml 配置文件中有如下代码:

```
<struts>
    <package name = "commonPackage" extends = "struts-default">
…
</struts>
```

Struts 2 很多核心的功能都是通过这些内置的拦截器实现的。如:从请求中把请求参数封装到 action、文件上传和数据验证等等都是通过拦截器实现的。struts-default 包是在 struts2-core-2. x. x. jar 文件中的 struts-default. xml 中定义的,当包继承了 struts-default 包才能使用 struts2 提供的这些功能。struts-default. xml 也是 Struts 2 默认配置文件,Struts 2 每次都会自动加载 struts-default. xml 文件。

package 还可以通过 abstract＝"true"定义为抽象包,抽象包中不能包含 action,但可以被其他包继承。

与 Java 中的 package 不同的是,Struts 2 中的 package 可以扩展,从而"继承"原有包的所有定义,并可以添加自己包的特有配置,以及修改原有包的部分配置。从这一点上看,Struts 2 中的 package 更像 Java 中的类。package 有以下几个常用属性:

(1) name:该属性是必选的,指定包的名字,这个名字将作为引用该包的键。

(2) extends:该属性是可选的,允许一个包继承一个或多个先前定义的包。

(3) abstract:该属性是可选的,将其设置为 true,可以把一个包定义为抽象的。

例:

```
<struts>
    <package name = "commonPackage" extends = "struts-default" abstract = "
true">
...
</struts>
```

在 Struts 1 中,通过 path 属性指定访问该 action 的 URL 路径。在 Struts 2 中,访问 action 的 URL 路径由两部分组成:包的命名空间 + action 的名称,例如上面例子中访问名为 sum 的 Action 的 URL 路径为:/mystruts/sum(注意:完整路径为:http://localhost:端口/内容路径/mystruts/sum. action)。Action 名称的搜索顺序是:

(1) 获得请求路径的 URL,例如 URL 是:http://server/struts2/path1/path2/path3/test. action;

(2) 首先寻找 namespace 为/path1/path2/path3 的 package,如果存在这个 package,则在这个 package 中寻找名字为 test 的 action,如果不存在这个 package 则转步骤3;

(3) 寻找 namespace 为/path1/path2 的 package,如果存在这个 package,则在这个 package 中寻找名字为 test 的 action,如果不存在这个 package,则转步骤4;

(4) 寻找 namespace 为/path1 的 package,如果存在这个 package,则在这个 package 中寻找名字为 test 的 action,如果仍然不存在这个 package,就去默认的 namespace 的 package 下面去找名字为 test 的 action,如果还是找不到,页面提示找不到 action。

4. Action 元素

表 4－1　Action 元素比较

	Struts 1. x	Stuts 2.0
接口	必须继承 org. apache. struts. action. Action 或者其子类	无须继承任何类型或实现任何接口
表单数据	表单数据封装在 FormBean 中	表单数据包含在 Action 中,通过 Getter 和 Setter 获取

虽然,理论上 Struts 2 的 Action 无须实现任何接口或继承任何类型,但是,我们为了方便实现 Action,大多数情况下都会继承 com. opensymphony. xwork2. ActionSupport 类,并重载(Override)此类里的 String execute()方法。如果没有为 action 指定 class,默认是 ActionSupport。而 ActionSupport 的 execute()方法默认处理就是返回一个 success 字符串。

method 属性用于指定 action 中的那个方法,如果没有指定则默认执行 action 中的 execute（）方法。

当一个请求匹配到某个 Action 名字时,框架就使用这个映射来确定如何处理请求。

```
<action name = "struts" class = "org. action. StrutsAction">
    <result name = "success"> /welcome. jsp</result>
    <result name = "error"> /hello. jsp</result>
</action>
```

如果一个请求要调用 Action 类中除 execute() 方法的其他方法,就需要在 Action 配置中加以配置。例如,如果在 org. action. StrutsAction 中有另外一个方法为:

```
public class HelloWorldAction{
    private String message;
    ....
    public String execute() throws Exception{
        this. message = "我的第一个 struts2 应用";
        return "success";
    }

    public String second() throws Exception{
        this. message = "第二个方法";
        return "success";
    }
}
```

那么如果想要调用这个方法,就必须在 Action 中配置 method 属性,其配置方法为:

```
<! -- name 值是用来和请求匹配的-- >
<action name = "other " class = "org. action. HelloWorldAction " method = "second">
    <result name = "success"> /welcome. jsp</result>
    <result name = "error"> /hello. jsp</result>
</action>
```

5. result 元素

一个 result 代表一个可能的输出。当 Action 类中的方法执行完成时,返回一个字符串类型的结果代码,框架根据这个结果代码选择对应的 result,向用户输出。

```
<result name ="逻辑视图名" type ="视图结果类型"/>
    <param name = "参数名">参数值</param>
</result>
```

（1）param 中的 name 属性有两个值:

① location:指定逻辑视图。

② parse：是否允许在实际视图名中使用 OGNL 表达式，参数默认为 true。

（2）result 中的 name 属性有如下值：

① success：表示请求处理成功，该值也是默认值。

② error：表示请求处理失败。

③ none：表示请求处理完成后不跳转到任何页面。

④ input：表示输入时如果验证失败应该跳转到什么地方（关于验证后面会介绍）。

⑤ login：表示登录失败后跳转的目标。

（3）type（非默认类型）属性支持的结果类型有以下几种：

① chain：用来处理 Action 链。

② chart：用来整合 JFreeChart 的结果类型。

③ dispatcher：用来转向页面，通常处理 JSP，该类型也为默认类型。

④ freemarker：处理 FreeMarker 模板。

⑤ httpheader：控制特殊 HTTP 行为的结果类型。

⑥ jasper：用于 JasperReports 整合的结果类型。

⑦ jsf：JSF 整合的结果类型。

◆ redirect：重定向到一个 URL。

◆ redirect-action：重定向到一个 Action。

◆ stream：向浏览器发送 InputStream 对象，通常用来处理文件下载，还可用于返回 AJAX 数据。

◆ tiles：与 Tiles 整合的结果类型。

◆ velocity：处理 Velocity 模板。

◆ xslt：处理 XML/XLST 模板。

◆ plaintext：显示原始文件内容，如文件源代码。

其中，最常用的类型是 dispatcherhe 和 redirect-action 类型。Dispatcherhe 是默认类型，redirect-action 用于当一个 Action 处理结束后，直接将请求重定向到另一个 Action。如下列配置：

```
...
<action name = "struts" class = "org.action.StrutsAction">
     <result name = "success"> /welcome.jsp</result>
     <result name = "error"> /hello.jsp</result>
</action>
<action name = "login" class = "org.action.StrutsAction">
     <result name = "success" type = "redirect-action">struts</result>
</action>
```

4.4 Struts 2 标签库简介

在出现标签库之前，JSP 视图控制和显示技术主要依靠 Java 脚本来实现，JSP 页面重新嵌入了大量的Java脚本代码,难以阅读且不同角色协作困难,导致维护成本高。

从JSP1.1规范后,JSP增加了自定义标签库的支持。标签库是一种组件技术,通过标签库,可以将复杂的Java脚本代码封装在组件中,开发者只需要使用简单的代码就可以实现复杂的Java脚本功能。提供了Java脚本的复用性,提高了开发者的开发效率。Struts 2标签库相对 Struts 1. x进行了巨大的改进,支持OGNL表达式,不再依赖任何表现层技术。

Struts 2框架本身就提供了丰富的标签库,程序人员也可以自己开发标签库,JSTL是Sun提供的一套标签库,这套标签库的功能非常强大。下面着重介绍框架自身提供的标签库。

4.4.1 Struts 2 标签库概述

1. Struts 2 标签库的组成

Struts 2框架的标签库可以分为以下三类:

(1) 用户界面标签(UI标签):主要用来生成HTML元素的标签。

① 表单标签:主要用于生成HTML页面的Form元素,以及普通表单元素的标签。

② 非表单标签:主要用于生成页面上的tree,Tab页等。

(2) 非用户界面标签(非UI标签):主要用于数据访问,逻辑控制。

① 数据访问标签:主要包含用于输出值栈(ValueStack)中的值,完成国际化等功能的标签。

② 流程控制标签:主要包含用于实现分支,循环等流程控制的标签。

(3) AJAX标签:用于支持Ajax效果

2. Struts 2 标签的使用

struts-tags. tld 文件存在于 struts2-core-2. 0. 11. jar 压缩文件的 META-INF 目录下,这个文件里定义了 Struts 2 的标签。

要在JSP中使用Struts 2的标志,先要指明标志的引入。通过JSP的代码的顶部加入以下的代码:

```
<%@taglib prefix = "s" uri = "/struts-tags" %>
```

其中 URI 属性确定标签库的 URI,这个 URI 可以确定一个标签库。而 prefix 属性指定标签库前缀,即所有使用该前缀的标签将由此标签处理。

4.4.2 Struts 2 标签语法

Struts 2的标签都支持动态数据的访问,标签的属性都可以使用OGNL表达式,Struts 2标签的属性具有类型,这些类型可以简单地分为字符串类型和非字符串类型,对于字符串类型的属性,如果要访问动态数据,需要使用%{…}这样的语法。

例如:

```
<s:include value = "%{ url }" />
```

Include 标签的 value 属性是字符串类型,Struts2 将对这个属性进行解析,查找符合%{…}样式的字符串,然后将花括号之间的内容作为 OGNL 表达式进行求值。如果属性中没有%{…}样式的字符串,那么属性的值将被直接看成是字符串数据。

例如:

```
<s:include value = "urlTag.action" />
```

对于非字符串类型的属性值,将直接作为 OGNL 表达式进行求值。

例如:

```
<s:property value = "username"/>
```

property 标签的 value 属性是 Object 类型,它的值 username 将作为 OGNL 表达式进行求值,结果是值栈中栈顶的对象的属性名是 username 的值。如果要为非字符串类型的属性直接指定字符串数据,那么需要使用 OGNL 中的字符串常量,即用单引号(')或双引号(")将字符串括起来。

例如:

```
<s:property value = "'zhangsan'"/>
```

value 属性的值'zhangsan'作为字符串常量,计算结果就是 zhangsan,因此输出 zhangsan。

除上述用法之外,也可以使用%{…}这样的语法来指定字符串常量。

例如: `<s:property value="%{ 'zhangsan' }"/>`

在这种情况下,%{ }将被忽略,花括号中的内容将作为表达式被计算。

总结一下,Struts 2 标签的属性按照下列的三个规则进行计算。

(1) 所有的字符串属性类型都会解析"%{…}"这样的语法。

(2) 所有的非字符属性类型都不会被解析,而是直接被看作一个 OGNL 表达式进行求值。

(3) 对于第二个规则的例外情况是,如果非字符串属性使用了"%{…}"语法,那么%{…}将被忽略,花括号中的内容将作为表达式计算。

在使用标签时,如果忘记了某个属性是字符串类型,还是非字符串类型,那么有一个简单的方法,那就是不考虑它是什么类型,统一使用"%{…}"语法。

4.4.3 表单标签

Struts 2 的表单标签可以分为两类,form 标签本身和单个表单元素的其他标签。Struts 2 表单和 HTML 表单元素基本上是一一对应,Struts 2 表单标签包括下列标签:

1. `<s:checkboxlist>`标签

该标签需要指定一个 list 属性。用法举例:

```
<form action = "">
    <s:checkboxlist label = "请选择你的爱好" list = "{'sport', 'sing', 'dance', 'read'}" name = "hobby">
    </s:checkboxlist>
</form>
```

或者为:

```
<form action = "">
```

```
<s:checkboxlist  label="请选择你的爱好" list="#{1:'sport',2:'sing',3:
'dance',4:'read'}" name="hobby">
</s:checkboxlist>
</form>
```

这两种方式的区别:前一种根据 name 取值时取的是选中字符串的值;后一种在页面上显示的是 value 的值,而根据 name 取值时取的却是对应的 key,这里就是 1、2、3 或 4。

效果如图 4 - 10 所示。

图 4 - 10 checkboxlist 标签效果

2. <s:combobox>标签

combobox 标签生成一个单行文本框和下拉列表框的组合。两个表单元素只能对应一个请求参数,只有单行文本框里的值才包含请求参数,下拉列表框只是用于辅助输入,并没有 name 属性,故不会产生请求参数。用法举例:

```
<form action="">
<s:combobox label="请选择你的爱好"  list="{'sport','sing','dance','read'}"
name="hobby">
</s:combobox>
</form>
```

效果如图 4 - 11 所示。

图 4 - 11 combobox 标签效果

3. <s:datetimepicker>标签

datetimepicker 标签用于生成一个日期、时间下拉列表框。当使用该日期、时间列表框选择某个日期、时间时，系统会自动将选中日期、时间输出指定文本框中。注意，使用该标签时需要完成以下几个步骤：

（1）将 struts2-dojo-plugin-2.1.x.jar 拷贝到/web-inf/lib 下。

（2）在 jsp 文件中加入<%@ taglib uri="/ struts-dojo-tags" prefix="sd"%>和<sd:head/>。

具体代码如下：

```
<sd:form action = "" method = "">
    <s:datetimepicker name = "date" label = "请选择日期"></s:datetimepicker>
</sd:form>
```

效果如图 4-12 所示。

图 4-12　datetimepicker 标签效果

4. <s:select>标签

select 标签用于生成一个下拉列表框，通过为该元素指定 list 属性的值，来生成下拉列表框的选项。用法举例：

```
<s:select list = "{'sport','dance','sing','swim'}"
label = "请选择你的爱好"></s:select>
```

或者为：

```
<s:select list = "hobby" list = "#{1:'sport',2:'dance',3:'sing',4:'swim'}"
listKey = "key" listValue = "value"></s:select>
```

5. ＜s:radio＞标签

radio 标签的用法与 checkboxlist 用法很相似,唯一的区别就是 checkboxlist 生成的是复选框,而 radio 生成的是单选框。用法举例:

```
＜s:radio label = "性别" list = "{'男 ','女 '}" name = "sex"＞＜/s:radio＞
```

或者为:

```
＜s:radio label = "性别" list = "♯{1:'男 ',0:'女 '}" name = "sex"＞
＜/s:radio＞
```

6. ＜s:head＞标签

head 标签主要用于生成 HTML 页面的 head 部分,在使用＜s:datetimepicker＞标签时介绍过,要在 head 中加入该标签。因为＜s:datetimepicker＞标签中有一个日历小控件,其中包含了 JavaScript 代码,所以要在 head 部分加入该标签。

很多表单标签(form 标签除外)的 name 属性和 value 属性之间存在一个独特的关系。name 属性除了为 HTML 表单元素指定名字,在表单提交时作为请求参数的名字外,同时它还映射到 Action 的属性。

一般情况下,name 属性映射到一个简单的 JavaBean 属性,例如 name 属性的值为"operand1",在表单提交后,Struts 2 框架将会调用 Action 的 setOperand1 ()方法来设置属性。若需在表单元素中显示 Action 属性的数据,就需用到 value 属性。为 value 属性指定表达式"%{operand1}",这将会调用 Action 的 getOperand1 ()方法,并在表单中显示返回的数据。之后,用户可以编辑这个值,然后重新提交它。具体用法可以看本章开始的"数值计算"例子。

4.4.4　非表单标签

非表单标签不经常用到,主要用于在页面中生成一些非表单的可视化元素。下面大致介绍一下这些标签:

(1) a:生成超链接。

(2) actionerror:输出 Action 实例的 getActionError()方法返回的消息。

(3) actionmessage:负责输出 Action 实例的 getActionMessage()方法返回的系列消息。

(4) component:生成一个自定义组件。

(5) div:生成一个 div 片段。

(6) fielderror:输出表单域的类型转换错误、校验错误提示。

(7) tablePanel:生成 HTML 页面的 Tab 页。

(8) tree:生成一个树形结构。

(9) treenode:生成树形结构的节点。

示例:

noFormTagAction. java 文件代码如下:

```
package xz. edu;
```

```java
import com.opensymphony.xwork2.ActionSupport;
public class noFormTagAction extends ActionSupport
{
    private static final long serialVersionUID = 1L;
    @Override
    public String execute()
    {
//添加两条 Error 信息
        addActionError("第一条错误消息!");
        addActionError("第二条错误消息!");
//添加两条普通信息
        addActionMessage("第一条普通消息!");
        addActionMessage("第二条普通消息!");
        return SUCCESS;
    }
}
```

noformtag.jsp 文件代码如下:

```jsp
<%@ page language = "java" contentType = "text /html; charset = UTF - 8"
        pageEncoding = "UTF - 8" %>
<%@taglib prefix = "s" uri = " /struts-tags" %>
<%@ taglib prefix = "sd" uri = " /struts-dojo-tags" %>
<!DOCTYPE html PUBLIC " - // W3C // DTD HTML 4. 01 Transitional // EN" "http: //
www.w3.org /TR /html4 /loose.dtd">
<html>
<head>
<title>form tag</title>
<sd:head />
</head>
<body>
<s:action name = "noFormTag" executeResult = "true"/>
<! -- 输出 getActionError()方法返回值 -->
<s:actionerror />
<! -- 输出 getActionMessage()方法返回值 -->
<s:actionmessage />
</body>
</html>
```

struts.xml 文件代码如下:

```xml
<?xml version = "1.0" encoding = "UTF - 8"?>
```

```
<!DOCTYPE struts PUBLIC
    " - //Apache Software Foundation//DTD Struts Configuration 2.0//EN"
    "http://struts.apache.org/dtds/struts-2.0.dtd">
<struts>
    <package name = "struts2" extends = "struts-default">
        <action name = "noFormTag" class = "xz.edu.noFormTagAction">
            <result name = "success"> /noformtag.jsp</result>
        </action>
    </package>
</struts>
```

noformtag. jsp 文件运行结果如图 4 - 13 所示。

图 4 - 13 noformtag. jsp 文件运行结果

4.4.5 数据标签

数据标签属于非 UI 标签,主要用于提供各种数据访问相关的功能,数据标签主要包括以下几个。

(1) property:用于输出某个值。

(2) set:用于设置一个新变量。

(3) param:用于设置参数,通常用于 bean 标签和 action 标签的子标签。

(4) bean:用于创建一个 JavaBean 实例。

(5) action:用于在 JSP 页面直接调用一个 Action。

(6) date:用于格式化输出一个日期。

(7) debug:用于在页面上生成一个调试链接,当单击该链接时,可以看到当前值栈和 Stack Context 中的内容。

(8) il8n:用于指定国际化资源文件的 baseName。

(9) include:用于在 JSP 页面中包含其他的 JSP 或 Servlet 资源。

(10) push:用于将某个值放入值栈的栈顶。

(11) text:用于输出国际化(国际化内容会在后面讲解)。

(12) url:用于生成一个 URL 地址。

1. <s:property>标签

(1) property 标签的作用是输出指定值。property 标签输出 value 属性指定的值。如果没有指定的 value 属性,则默认输出值栈栈顶的值。该标签有如下几个属性:

(2) default:该属性是可选的,如果需要输出的属性值为 null,则显示 default 属性指定的值。

(3) escape:该属性是可选的,指定是否 escape HTML 代码。

(4) value:该属性是可选的,指定需要输出的属性值,如果没有指定该属性,则默认输出值栈栈顶的值。该属性也是最常用的,如前面用到的:

```
<s:property value = "#request.name"/>
```

(5) id:该属性是可选的,指定该元素的标志。

例如,在本章第一个"求和"的例子中的使用该标签的代码如下:

```
<body>
    代数和为非负整数   <br />
    <h1><s:property value = "sum"/></h1>
  </body>
```

上述代码中通过 value 获取 Action 实例中的属性 sum 的值。

2. <s:set>标签

Set 标签用于对值栈中的表达式进行求值,并将结果赋给特定作用域中的某个变量名。该标签有如下几个属性:

(1) name:该属性是必选的,重新生成新变量的名字。

(2) scope:该属性是可选的,指定新变量的存放范围。

(3) value:可选,指定将赋给变量的值。如果没指定,则将 ValueStack 栈顶的值赋给新变量。

(4) id:该属性是可选的,指定该元素的引用 id。

下面是一个简单例子,展示了 property 标签访问存储于 session 中的 user 对象的多个字段:

```
<s:property value = "#session['user'].username"/>
<s:property value = "#session['user'].age"/>
<s:property value = "#session['user'].address"/>
```

重复使用 #session['user'] 很烦人,使用 set 标签定义一个"user"变量,这个变量指向" #session['user'] ",这样使得代码易于阅读:

```
<s:set name = "user" value = "#session['user']" />
<s:property value = "#user.username"/>
<s:property value = "#user.age" />
<s:property value = "#user.address" />
```

3. <s:param>标签

param 标签主要用于为其他标签提供参数,该标签有如下几个属性:

(1) name:该属性是可选的,指定需要设置参数的参数名。

(2) value:该属性是可选的,指定需要设置参数的参数值。

(3) id:该属性是可选的,指定引用该元素的 id。

例如,要为 name 为 hobby 的参数赋值:

```
<s:param name = "hobby">apple</s:param>
```

或者

```
<s:param name = "hobby" value = "sport" />
```

上面用法中,指定一个名为 hobby 的参数,该参数的值为 sport 对象的值。如果想指定 hobby 参数的值为 sport 字符串,则应该这样写:

```
<s:param name = "hobby" value = "'sport'" />
```

4. <s:bean>标签

Bean 标签用于创建一个 JavaBean 的实例。如果要为该 JavaBean 赋值,则需在 JavaBean 类中提供 set 方法。该标签有如下几个属性:

(1) name:该属性是必选的,用来指定要实例化的 JavaBean 的实现类。

(2) id:该属性是可选的,如果指定了该属性,则该 JavaBean 实例会被放入 Stack Context 中,从而允许直接通过 id 属性来访问该 JavaBean 实例。下面是一个简单的例子:

有一个 Student 类,该类中有 name 属性,并有其 getter 和 setter 方法:

```java
public class Student {
    private String name;
    public String getName() {
            return name;
    }
    public void setName(String name) {
            this.name = name;
    }
}
```

然后在 JSP 文件的 body 体中加入下面的代码:

```
<s:bean name = "Student">
    <s:param name = "name" value = "'zhangsan'"/>
```

```
        <s:property value = "name"/>
    </s:bean>
```

5. <s:action>标签

使用 action 标签可以允许在 JSP 页面中直接调用 Action。该标签有以下几个属性：

（1）id：该属性是可选的，该属性将会作为该 Action 的引用标志 id。

（2）name：该属性是必选的，指定该标签调用哪个 Action。

（3）namespace：该属性是可选的，指定该标签调用的 Action 所在的 namespace。

（4）executeResult：该属性是可选的，指定是否要将 Action 的处理结果页面包含到本页面。如果值为 true，则包含，如果值为 false，则不包含，默认为 false。

（5）ignoreContextParam：该属性是可选的，指定该页面中的请求参数是否需要传入调用的 Action。如果值为 false，将本页面的请求参数传入被调用的 Action。如为 true，不将本页面的请求参数传入到被调用的 Action。

例：

```
    <s:action name = "noFormTag" executeResult = "true"/>
```

6. <s:date>标签

date 标签主要用于格式化输出一个日期。该标签有如下属性：

（1）format：该属性是可选的，如果指定了该属性，将根据该属性指定的格式来格式化日期。

（2）nice：该属性是可选的，该属性的取值只能是 true 或 false，用于指定是否输出指定日期和当前时刻之间的时差。默认为 false，即不输出时差。

（3）name：属性是必选的，指定要格式化的日期值。

（4）id：属性是可选的，指定引用该元素的 id 值。

（5）nice 属性为 true 时，一般不指定 format 属性。因为 nice 为 true 时，会输出当前时刻与指定日期的时差，不会输出指定日期。当没有指定 format，也没有指定 nice = "true" 时，系统会采用默认格式输出。其用法为：

```
    <s:date name = "指定日期取值" format = "日期格式"/><!-- 按指定日期格式输出 -->
    <s:date name = "指定日期取值" nice = "true"/><!-- 输出时间差 -->
    <s:date name = "指定日期取值"/><!—默认格式输出-->
```

7. <s:include>标签

include 标签用于将一个 JSP 页面或一个 Servlet 包含到本页面中。该标签有如下属性：

（1）value：该属性是必选的，指定需要被包含的 JSP 页面或 Servlet。

（2）id：该属性是可选的，指定该标签的 id 引用。

用法如下：

```
    <s:include value = "JSP 或 Servlet 文件" id = "自定义名称"/>
```

4.4.6　控制标签

用于在呈现结果页面时控制程序的执行流程，根据程序执行的状态输出不同的结果，控制标签包括下列标签：

(1) if：用于控制选择输出的标签。

(2) elseif：用于控制选择输出的标签，必须和 if 标签结合使用。

(3) else：用户控制选择输出的标签，必须和 if 标签结合使用。

(4) append：用于将多个集合拼接成一个新的集合。

(5) generator：用于将一个字符串按指定的分隔符分隔成多个字符串，临时生成的多个子字符串可以使用 iterator 标签来迭代输出。

(6) iterator：用于将集合迭代输出。

(7) merge：用于将多个集合拼接成一个新的集合，但与 append 的拼接方式不同。

(8) sort：用于对集合进行排序。

(9) subset：用于截取集合的部分元素，形成新的子集合。

1. <s:if>/<s:elseif>/<s:else>标签

这 3 个标签可以组合使用，但只有 if 标签可以单独使用，而 elseif 和 else 标签必须与 if 标签结合使用。if 标签可以与多个 elseif 标签结合使用，但只能与一个 else 标签使用。其用法格式如下：

```
<s:if test = "表达式">
        标签体
</s:if>
<s:elseif test = "表达式">
        标签体
</s:elseif>
<!--允许出现多次 elseif 标签-->
        ...
<s:else>
        标签体
</s:else>
```

2. <s:iterator>标签

该标签主要用于对集合进行迭代，这里的集合包含 List、Set，也可以对 Map 类型的对象进行迭代输出。该标签的属性如下：

(1) value：该属性是可选的，指定被迭代的集合，被迭代的集合通常都由 OGNL 表达式指定。如果没有指定该属性，则使用值栈栈顶的集合。

(2) id：该属性是可选的，指定集合元素的 id。

(3) status：该属性是可选的，指定迭代时的 IteratorStatus 实例，通过该实例可判断当前迭代元素的属性。如果指定该属性，其实例包含如下几个方法：

① int getCount()：返回当前迭代了几个元素。

② int getIndex()：返回当前被迭代元素的索引。

③ boolean isEven：返回当前被迭代元素的索引元素是否是偶数。

④ boolean isOdd：返回当前被迭代元素的索引元素是否是奇数。

⑤ boolean isFirst：返回当前被迭代元素是否是第一个元素。

⑥ boolean isLast:返回当前被迭代元素是否是最后一个元素。
应用举例：

```
<%@ page language = "java" pageEncoding = "utf-8" %>
<%@taglib uri = "/struts-tags" prefix = "s" %>
<html>
<head>
        <title>控制标签</title>
</head>
<body>
        <table border = "1" width = "200">
            <s:iterator value = "{'sport','sing','swim','read'}" id = "hobby" status = "st">
                    <tr <s:if test = "#st.even">style = "background-color:silver"</s:if>>
                        <td><s:property value = "hobby"/></td>
                    </tr>
            </s:iterator>
        </table>
</body>
</html>
```

运行结果如图 4 - 14 所示。

图 4 - 14　iterator 标签实例运行结果

1. <s:append>标签
该标签用于将多个集合对象拼接起来，组成一个新的集合。
应用举例，可以把上例的 JSP 文件进行修改，其代码为：

```
<%@ page language = "java" pageEncoding = "utf-8" %>
<%@ taglib uri = " /struts-tags" prefix = "s" %>
<html>
<head>
    <title>控制标签</title>
</head>
<body>
    <s:append id = "newList">
        <s:param value = "{'sport','sing','swim','read'}"/>
        <s:param value = "{'boy','girl'}"/>
        </s:append>
        <table border = "1" width = "200">
            <s:iterator value = " #newList" id = "hobby" status = "st">
                <tr <s:if test = " # st. even">style = "background-
color:silver"</s:if>>
                <td><s:property value = "hobby"/></td>
            </tr>
        </s:iterator>
    </table>
</body>
</html>
```

运行结果如图 4-15 所示。

图 4-15 append 标签实例运行结果

2. <s:merge>标签

假设有 2 个集合,第一个集合包含 3 个元素,第二个集合包含 2 个元素,分别用 append 标签和 merge 标签方式进行拼接,它们产生新集合的方式有所区别。下面分别列出:

用 append 方式拼接,新集合元素顺序为:

(1) 第 1 个集合中的第 1 个元素

(2) 第 1 个集合中的第 2 个元素

(3) 第 1 个集合中的第 3 个元素

(4) 第 2 个集合中的第 1 个元素

(5) 第 2 个集合中的第 2 个元素

用 merge 方式拼接,新集合元素顺序为:

(1) 第 1 个集合中的第 1 个元素

(2) 第 2 个集合中的第 1 个元素

(3) 第 1 个集合中的第 2 个元素

(4) 第 2 个集合中的第 2 个元素

(5) 第 1 个集合中的第 3 个元素

4.5　Struts 2 数据验证

4.5.1　Validate 方法

1. 简介

在 Struts 2 中,使用 validate 验证数据是比较方便的方法。通过阅读 ActionSupport 类的源代码,可以看到 ActionSupport 类实现了一个 Validateable 接口,这个接口只有一个 validate 方法。如果 Action 类实现了这个接口,Struts 2 在调用 execute 方法之前首先会调用这个方法。在 validate 方法验证过程中,如果发生错误,可以根据错误的 level 选择字段级错误,还是动作级错误。并且可使用 addFieldError 或 addActionError 加入相应的错误信息。如果存在 Action 或 Field 错误,Struts 2 会返回"input"(由 Struts 2 框架自动返回),这时,Struts 2 就不会再调用 execute 方法了。如果没有发生错误,Struts 2 在最后会调用 execute 方法。

这两个 add 方法和 ActionErrors 类中的 add 方法类似,只是 add 方法的错误信息需要一个 ActionMessage 对象,相对麻烦些。除了加入错误信息外,还可以使用 addActionMessage 方法加入成功提交后的信息。当提交成功后,可以显示这些信息。

以上三个 add 方法都在 ValidationAware 接口中定义,并且在 ActionSupport 类中有一个默认的实现。其实,在 ActionSupport 类中的实现实际上是调用了 ValidationAwareSupport 中的相应的方法,也就是这三个 add 方法是在 ValidationAwareSupport 类中实现的,代码如下:

```
Private final ValidationAwareSupport validationAware = new ValidationAware-
Support();
```

```
public void addActionError(String anErrorMessage)
{
    validationAware.addActionError(anErrorMessage);
}
Public void addFieldError(String fieldName, String errorMessage)
{
    validationAware.addFieldError(fieldName, errorMessage);
}
Public void addActionMessage(String aMessage)
{
    validationAware.addActionMessage(aMessage);
}
```

2. 验证实例

下面将实现一个简单的验证程序,通过这个程序介绍 validate 方法的使用。

首先创建一个 Web 项目,接着在 Web 根目录建立一个主页面(validate. jsp),代码如下:

```
<%@ page language = "java" import = "java. util. * " pageEncoding = "
GB18030" %>
<%@taglib prefix = "s" uri = "/struts-tags" %>
<!DOCTYPE HTML PUBLIC " - //W3C//DTD HTML 4.01 Transitional//EN">
<html>
    <head>
        <title>验证数据</title>
    </head>
    <body>
    <s:actionerror />
    <s:actionmessage />
    <s:form action = "validate.action" theme = "simple">
    输入内容:
    <s:textfield name = "msg"/>
    <s:fielderror key = "msg. hello"/><br />
    <s:submit />
    </s:form>
    </body>
</html>
```

在上面的代码中,使用了 Struts 2 的标签:<s:actionerror>、<s:fielderror>和<s:actionmessage>,分别用来显示动作错误信息,字段错误信息,和动作信息。如果信息为空,则不显示。

接下来实现一个动作类 validateAction,代码如下:

```java
package action;
import com.opensymphony.xwork2.ActionSupport;
public class ValidateAction extends ActionSupport{
    private static final long serialVersionUID = 1L;
    private String msg;
    public String execute()
    {
        System.out.println(SUCCESS);
        return SUCCESS;
    }
    public void validate()
    {
        if(!msg.equalsIgnoreCase("hello"))
        {
            System.out.println(INPUT);
            this.addFieldError("msg.hello","必须输入 hello!");
            this.addActionError("处理动作失败!");
        }
        else
        {
            this.addActionMessage("提交成功");
        }
    }
    public String getMsg()
    {
        return msg;
    }
    public void setMsg(String msg)
    {
        this.msg = msg;
    }
}
```

从上面的代码可以看出,Field 错误需要一个 key(一般用来表示是哪一个属性出的错误),而 Action 错误和 Action 消息只要提供一个信息字符串就可以了。

最后来配置一下 struts.xml 文件,代码如下:

```
<?xml version = "1.0" encoding = "UTF-8"?>
<!DOCTYPE struts PUBLIC
    "- //Apache Software Foundation//DTD Struts Configuration 2.0//EN"
    "http://struts.apache.org/dtds/struts-2.0.dtd">
<struts>
  <package name = "struts2" namespace = "/mystruts" extends = "struts-default">
      <action name = "sum1" class = "action.FirstAction">
          <result name = "positive">/positive.jsp</result>
          <result name = "negative">/negative.jsp</result>
      </action>
  </package>
  <package name = "demo" extends = "struts-default">
  <action name = "validate" class = "action.ValidateAction">
  <result name = "success">/validate.jsp</result>
  <result name = "input">/validate.jsp</result>
  </action>
  </package>
</struts>
```

　　部署项目到 Tomcat 的 webapps 目录下,启动 Tomcat 之后,打开浏览器,在地址栏输入 http://localhost:8080/ FirstStuts2/ validate.jsp,然后回车,浏览器出现如图 4 - 16 所示界面,如果输入不是"hello",则出现如图 4 - 17 所示画面,如果输入"hello",则出现如图4 - 18所示,即表示运行成功。

图 4 - 16　输入验证

图 4 - 17 验证失败

图 4 - 18 验证成功

3. ValidationAware 接口

还可以使用 ValidationAware 接口的其他方法(由 ValidationAwareSupport 类实现)获得或设置字段错误信息、动作错误信息以及动作消息。如 hasActionErrors 方法判断是否存在动作层的错误,getFieldErrors 获得字段错误信息(一个 Map 对象)。下面是 ValidationAware 接口提供的所有的方法:

```
package com.opensymphony.xwork2;
import java.util.Collection;importjava.util.Map;
public interface ValidationAware
{
```

```
    void setActionErrors(Collection errorMessages);
    Collection getActionErrors();
    voids etActionMessages(Collection messages);
    Collection getActionMessages();
    void setFieldErrors(MaperrorMap);
    Map getFieldErrors();
    void addActionError(StringanErrorMessage);
    void addActionMessage(StringaMessage);
    void addFieldError(StringfieldName,StringerrorMessage);
    boolean hasActionErrors();
    boolean hasActionMessages();
    boolean hasErrors();
    boolean hasFieldErrors();
}
```

4.5.2 Validation 框架

上面使用 validate 方法来验证客户端提交的数据，但使用 validate 方法会将验证代码和正常的逻辑代码混在一起，这样做并不利于代码维护，而且也很难将这些代码重用于其他程序的验证。Struts 2 提供了一个 Validation 框架，这个框架和 Struts 1.x 提供的 Validation 框架类似，也是通过 XML 文件进行配置。

下面将给出一个例子来演示如何使用 Struts 2 的 Validation 框架来进行服务端验证。我们可以按着如下四步来编写这个程序：

1. 建立 Action 类

创建 NewValidateAction. java 文件，代码如下：

```
package action;
import com.opensymphony.xwork2.ActionSupport;
public class NewValidateAction extends ActionSupport{
    private static final long serialVersionUID = 1L;
    private String msg;//必须输入
    private int age;//在13和20之间
    public String getMsg()
    {
        return msg;
    }
    publicvoid setMsg(String msg)
    {
        this.msg = msg;
```

```
        }
        publicintgetAge()
        {
            return age;
        }
        public void setAge( int age)
        {
            this.age = age;
        }
    }
```

2. 配置 struts.xml

在 struts 标签中增加一个 package,代码如下:

```
<package name = "framedemo" extends = "struts-default" >
        <action name = "new_validate" class = "action.NewValidateAction">
            <result name = "input"> /validate_form.jsp</result>
            <result name = "success"> /validate_form.jsp</result>
        </action>
</package>
```

3. 编写验证规则配置文件

这是一个基于 XML 的配置文件,和 struts1.x 中的 validator 框架的验证规则配置文件类似。但一般放到和要验证的.class 文件在同一目录下,而且配置文件名要使用如下两个规则中的一个来命名:

```
<ActionClassNam>-validation.xml
<ActionClassName>-<ActionAliasName>-validation.xml
```

其中<ActionAliasName>就是 struts.xml 中<action>的 name 属性值。在本例中我们使用第一种命名规则,所以文件名是 NewValidateAction-validation.xml。文件的内容如下:

```
<?xml version = "1.0" encoding = "UTF - 8"?>
<!DOCTYPE validators PUBLIC
    " - //OpenSymphonyGroup//XWorkValidator1.0.2//EN"
    "http://www.opensymphony.com/xwork/xwork-validator-1.0.2.dtd">

<validators>
    <field name = "msg">
        <field-validator type = "requiredstring">
            <param name = "trim">true</param>
```

```
            <message>请输入信息</message>
        </field-validator>
    </field>
    <field name = "age">
        <field-validator type = "int">
            <param name = "min">13</param>
            <param name = "max">20</param>
            <message>必须在 13 至 20 之间</message>
        </field-validator>
    </field>
</validators>
```

这个文件使用了两个规则：requiredstring（必须输入）和 int（确定整型范围）。关于其他更详细的验证规则，请读者访问 http：//struts. apache. org/2. 0. 11. 1/docs/validation. html 来查看。

4. 创建 JSP 页面

在 Web 根目录中建立一个 validate_form. jsp 文件，代码如下：

```
<% @ page language = "java" import = "java. util. * " pageEncoding = "GB18030"%>
<%@taglib prefix = "s" uri = "/struts-tags"%>
<!DOCTYPE HTML PUBLIC "- //W3C//DTD HTML 4.01 Transitional//EN">
<html>
    <head>
        <title>数据验证</title>
    </head>
    <body>
        <s:form action = "new_validate" >
        <s:textfield name = "msg" label = "姓名"/>
        <s:textfield name = "age" label = "年龄"/>
        <s:submit />
        </s:form>
    </body>
</html>
```

部署项目到 Tomcat 的 webapps 目录下，启动 Tomcat 之后，打开浏览器，在地址栏输入 http：//localhost：8080/ FirstStuts2/validate_form. jsp，如果输入为空，则出现如图4-19所示画面，即表示验证生效。

图 4 - 19 框架验证

4.6 拦截器

4.6.1 拦截器概述

Struts 2 框架的绝大部分功能是通过拦截器来实现的。当 FilterDispatcher 拦截到用户请求后,大量拦截器将会对用户请求进行处理,然后才会调用用户自定义的 Action 类中的方法来处理请求。可见,拦截器是 Struts 2 的核心所在。Struts 2 会首先执行在 struts.xml 中引用的拦截器,在执行完所有引用的拦截器的 intercept 方法后,会执行 Action 的 execute 方法。

Struts 2 拦截器类必须从 com. opensymphony. xwork2. interceptor. Interceptor 接口继承,在 Intercepter 接口中有如下三个方法需要实现:

(1) void destroy();

(2) void init();

(3) String intercept(ActionInvocation invocation)throws Exception;

其中,intercept 方法是拦截器的核心方法,所有安装的拦截器都会调用之个方法。在 Struts 2 中已经在 struts-default. xml 中预定义了一些自带的拦截器,如 timer、params 等。如果在<package>标签中继承了 struts-default,则当前 package 就会自动拥有 struts-default. xml 中的所有配置。代码如下:

```
<package name = "demo" extends = "struts-default" > ... </package>
```

在 struts-default. xml 中有一个默认的引用,在默认情况下(也就是<action>中未引用拦截器时)会自动引用一些拦截器。这个默认的拦截器引用如下:

```
<default-interceptor-ref name = "defaultStack"/>
<interceptor-stack name = "defaultStack">
    <interceptor-ref name = "exception"/>
```

```
    <interceptor-ref name = "alias"/>
    <interceptor-ref name = "servletConfig"/>
    <interceptor-ref name = "prepare"/>
    <interceptor-ref name = "i18n"/>
    <interceptor-ref name = "chain"/>
    <interceptor-ref name = "debugging"/>
    <interceptor-ref name = "profiling"/>
    <interceptor-ref name = "scopedModelDriven"/>
    <interceptor-ref name = "modelDriven"/>
    <interceptor-ref name = "fileUpload"/>
    <interceptor-ref name = "checkbox"/>
    <interceptor-ref name = "staticParams"/>
    <interceptor-ref name = "params">
    <paramname = "excludeParams">dojo..*</param>
    </interceptor-ref>
    <interceptor-ref name = "conversionError"/>
    <interceptor-ref name = "validation">
        <paramname = "excludeMethods">input,back,cancel,browse</param>
    </interceptor-ref>
    <interceptor-ref name = "workflow">
    <paramname = "excludeMethods">input,back,cancel,browse</param>
    </interceptor-ref>
</interceptor-stack>
```

　　上面在 defaultStack 中引用的拦截器都可以在<action>中不经过引用就可以使用(如果在<action>中引用了任何拦截器后,要使用在 defaultStack 中定义的拦截器,则需要在<action>中重新引用。)。

4.6.2　拦截器的使用方法

　　1. timer 拦截器

　　timer 是 Struts 2 中相对简单的拦截器,这个拦截器对应的类是 com. opensymphony. xwork2. interceptor. TimerInterceptor。它的功能是记录 execute 方法和其他拦截器(在 timer 后面定义的拦截器)的 intercept 方法执行的时间总和。如下面的配置代码所示:

```
<action name = "intercept" class = "xz. edu. interceptorAction">
<interceptor-ref name = "logger"/>
<interceptor-ref name = "timer"/>
</action>
```

　　由于在 timer 后面没有其他的拦截器定义,因此,timer 只能记录 execute 方法的执行时间,在访问 first 动作时,会在控制台输出类似下面的一条信息:

信息：Executed action [/test/first! execute] took 16 ms.

在使用 timer 拦截器时，需要 commons-logging. jar 的支持。将 logger 引用放到 timer 的后面，就可以记录 logger 拦截器的 intercept 方法和 Action 的 execute 方法的执行时间总和，代码如下：

```
<action name = "intercept" class = "xz. edu. interceptorAction">
    <interceptor-ref name = "timer"/>
    <interceptor-ref name = "logger"/>
</action>
```

大家可以使用如下的 Action 类来测试一下 timer 拦截器：

```
package xz. edu;
import com. opensymphony. xwork2. ActionSupport;
public class interceptorAction extends ActionSupport
{
    private static final long serialVersionUID = 1L;
@Override
    public String execute() throws Exception{
        Thread. sleep(1000); // 延迟 1 秒
        return null;
    }
}
```

Intercept. action 运行输出信息如图 4 - 20 所示。

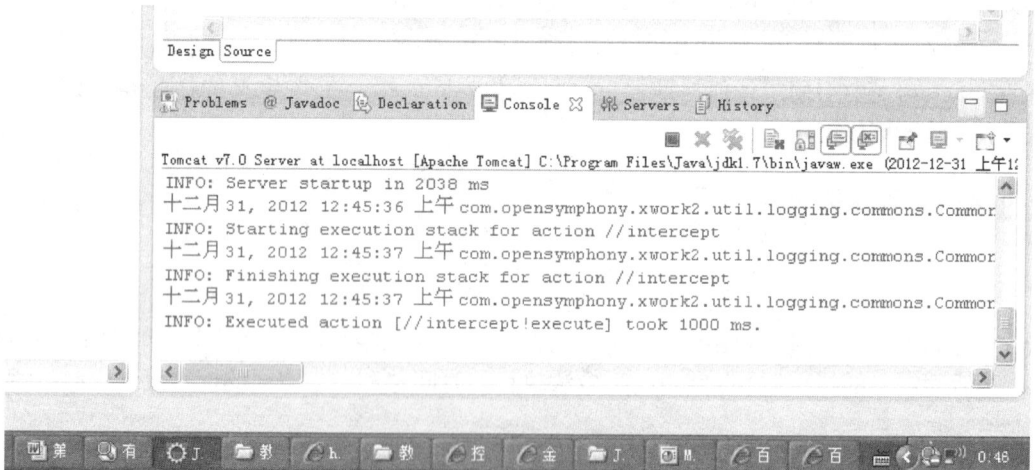

图 4 - 20 intecept. action 运行输出信息

2. params 拦截器（通过请求调用 Action 的 setter 方法）

当客户端的一个包含 textfield 的 form 向服务端提交请求时，代码如下：

```
<s:form action = "first" namespace = " /test">
    <s:textfield name = "name"/>
    <s:submit />
</s:form>
```

在提交后,Struts 2 将会自动调用 first 动作类中的 setName 方法,并将 name 文本框中的值通过 setName 方法的参数传入。实际上,这个操作是由 params 拦截器完成的,params 对应的类是 com. opensymphony. xwork2. interceptor. ParametersInterceptor。由于 params 已经在 defaultStack 中定义,因此,在未引用拦截器的<action>中是会自动引用 params 的,如下面的配置代码,在访问 first 动作时,Struts 2 是会自动执行相应的 setter 方法的。

```
<action name = "first" class = "action.FirstAction">... ...</action>
```

但如果在<action>中引用了其他的拦截器,就必须再次引用 params 拦截器,Struts 2 才能调用相应的 setter 方法。如下面的配置代码所示:

```
<action name = "first" class = "action.FirstAction">
    <interceptor-ref name = "timer"/>
    <interceptor-ref name = "params"/>
</action>
```

3. static-params 拦截器(通过配置参数调用 Action 的 setter 方法)

static-params 拦截器可以通过配置<params>标签来调用 Action 类的相应的 setter 方法,static-params 拦截器对应的类是 com. opensymphony. xwork2. interceptor. StaticParametersInterceptor。下面配置代码演示了如何使用 static-params 拦截器:

```
<action name = "first" class = "action.FirstAction">
    <interceptor-ref name = "timer"/>
    <param name = "who">晓庄学院</param>
    <interceptor-ref name = "params"/>
    <interceptor-ref name = "static-params"/>
</action>
```

如果 first 动作使用上面的配置,在访问 first 动作时,Struts 2 会自动调用 setWho 方法将"晓庄学院"作为参数值传入 setWho 方法。

使用拦截器栈

为了能在多个动作中方便地引用同一个或几个拦截器,可以使用拦截器栈将这些拦截器作为一个整体来引用。拦截器栈要在<package>标签中使用<interceptors>和子标签<interceptor-stack>来定义。代码如下:

```
<package name = "demo" extends = "struts-default">
<interceptors>
    <interceptor-stack name = "mystack">
```

```
        <interceptor-ref name = "timer"/>
        <interceptor-ref name = "logger"/>
        <interceptor-ref name = "params"/>
        <interceptor-ref name = "static-params"/>
    </interceptor-stack>
</interceptors>
<action name = "first" class = "action.FirstAction">
    <param name = "who">晓庄学院</param>
    <interceptor-ref name = "mystack"/>
</action>
</package>
```

如上面代码所示,拦截器栈的使用方法与使用拦截器一样。

4.6.3 实现自定义拦截器

拦截器就是一个普通的 class,只是这个 class 必须实现 com. opensymphony. xwork2. interceptor. Interceptor 接口。Interceptor 接口有如下三个方法:

```
publicinterfaceInterceptorextendsSerializable
{
    Void destroy();
    Void init();
    String intercept(ActionInvocation invocation)throws Exception;
}
```

其中 init 和 destroy 方法只在拦截器加载和释放(都由 Struts 2 自身处理)时执行一次,而 intercept 方法在每次访问动作时都会被调用。Struts 2 在调用拦截器时,每个拦截器类只有一个对象实例,而所有引用这个拦截器的动作都共享这一个拦截器类的对象实例,因此,在实现 Interceptor 接口的类中如果使用类变量,要注意同步问题。

下面将实现一个简单的自定义拦截器,这个拦截器通过请求参数 action 指定一个拦截器类中的方法,并调用这个方法(可以使用这个拦截器对某一特定的动作进行预处理)。如果方法不存在,或是 action 参数不存在,则继续执行下面的代码。

例如,将要访问的 URL 如下所示:

```
http: //localhost:8080 /book /interceptor. action?action = test
```

访问上面的 URL 后,拦截器会就会调用拦截器中的 test 方法,如果这个方法不存在,则调用 invocation. invoke 方法。invoke 方法和 Servlet 过滤器中调用 FilterChain. doFilter 方法类似,如果在当前拦截器后面还有其他的拦截器,则 invoke 方法就是调用后面拦截器的 intercept 方法。否则,invoke 会调用 Action 类的 execute 方法(或其他的执行方法)。

下面我们先来实现一个拦截器的父类 ActionInterceptor。这个类主要实现了根据 action 参数值来调用方法的功能，代码如下：

```
package inteceptor;
import com.opensymphony.xwork2.ActionInvocation;
import com.opensymphony.xwork2.interceptor.Interceptor;
import javax.servlet.http.*;
import org.apache.struts2.*;
public class ActionInterceptor implements Interceptor
{
    private static final long serialVersionUID = 1L;
    protected final String INVOKE = "##invoke";
    public void destroy()
    {
        System.out.println("destroy");
    }
    public void init()
    {
        System.out.println("init");
    }
    public String intercept(ActionInvocation invocation)throws Exception
    {
        HttpServletRequest request = ServletActionContext.getRequest();
        String action = request.getParameter("action");
        System.out.println(this.hashCode());
        if(action! = null)
        {
            try
            {
                java.lang.reflect.Method method = this.getClass().getMethod
(action);
                String result = (String)method.invoke(this);
                if(result! = null)
                {
                    if(!result.equals(INVOKE))
                        return result;
                }
                else
                    return null;
            }
```

```
                    catch(Exception e)
                    {
                    }
              }
              return invocation.invoke();
        }
}
```

从上面代码中的 intercept 方法可以看出，在调用 action 所指定的方法后，来判断返回值。可能发生的情况有三种：

① 返回值为 null，执行 return null。

② 返回值为 INVOKE，执行 return invockation.invoke()。

③ 其他情况，执行 return result。result 表示指定方法的返回值，如上面代码所示。

在实现完上面的拦截器父类后，任何继承于 ActionInterceptor 类的拦截器都可以自动根据 action 的参数值调用自身的相应方法。下面我们来实现一个拥有两个动作方法 test 和 print 的拦截器类。代码如下：

```
package interceptor;
import javax.servlet.http.HttpServletResponse;
import org.apache.struts2.ServletActionContext;
public class MultiMethodInterceptor extends ActionInterceptor{
    public String test() throws Exception{
        HttpServletResponse response = ServletActionContext.getResponse();
        response.getWriter().println("invoke test");
        return this.INVOKE;
        }
    public String print() throws Exception{
        HttpServletResponse response = ServletActionContext.getResponse();
        response.getWriter().println("invoke print");
        return null;
        }
}
```

test 方法返回了 INVOKE，因此，在执行完这个方法后，Struts 2 会接着调用其他拦截器的 intercept 方法或 Action 类的 execute 方法。而 print 方法在执行完后，只是返回了 null，而不再调用其他的方法了，也就是访问如下的 URL 时，动作的 execute 方法将不会执行：

```
http://localhost:8080/book/interceptor.action?action=print
```

下面我们来实现一个 Action 类，代码如下：

```
package xz.edu;
import org.apache.struts2.*;
import com.opensymphony.xwork2.ActionSupport;
public class myInterceptorAction extends ActionSupport{
    public String other() throws Exception{
        ServletActionContext.getResponse().getWriter().println("invoke other");
        return null;
    }
}
```

在这个 Action 类中,只有一个 other 方法,实际上,这个方法相当于 execute 方法,在下面会设置动作的 method 属性为 other。下面我们来在 struts.xml 中定义拦截器类和动作,代码如下:

```
<struts>
<package name = "demo" extends = "struts-default">
    <interceptors>
        <interceptor name = "method" class = "interceptor.MultiMethodInter-ceptor"/>
        <interceptor-stack name = "methodStack">
        <interceptor-ref name = "method"/>
        <interceptor-ref name = "defaultStack"/>
        </interceptor-stack>
    </interceptors>
    <action name = "interceptor" class = "xz.edu.myInterceptorAction" method = "other">
        <interceptor-ref name = "methodStack"/>
    </action>
</package>
</struts>
```

在配置上面的 methodStack 拦截器时要注意,最好在后面引用 defaultStack,否则很多通过拦截器提供的功能将失去。

现在访问如下的 URL:

```
http://localhost:8080/book/interceptor.action?action = test
```

结果如图 4-21 所示。

如果访问 http://localhost:8080/book/interceptor.action?action = print,结果如图 4-22所示。

图 4 - 21   interceptor. action?action＝test 运行结果

图 4 - 22   interceptor. action?action＝test 运行结果

从上面结果可以看出，访问这个 url 时并没有调用 other 方法。如果随便指定的 action 值的话，则只调用 other 方法。如果访问 http：// localhost：8080/book/ interceptor. action?action＝abc，就只会输出"invoke other"。

Struts 2 内置的拦截器使用时有很多参数，当然。自定义的拦截器也可以加上同样的参数，includeMethods 和 excludeMethods 这两个参数比较常用。其中，includeMethods 指定了拦截器要调用的 Action 类的执行方法（默认是 execute），即只有在 includeMethods 中指定的方法才会被 Struts 2 调用，而 excludeMethods 恰恰相反，在这个参数中指定的执行方法不会被 Struts2 调用。如果有多个方法，中间需用逗号"，"分隔。在 Struts 2 中提供了一个抽象类来处理这两个参数，这个类如下：

```
com. opensymphony. xwork2. interceptor. MethodFilterInterceptor
```

继承于这个类的拦截器类都会自动处理 includeMethods 和 excludeMethods 参数，如下面的拦截器类所示：

```
package interceptor;
import com. opensymphony. xwork2. ActionInvocation;
import com. opensymphony. xwork2. interceptor. * ;
public class MyFilterInterceptor extends MethodFilterInterceptor{
```

```
    private Stringname;
    public String getName(){
        return name;
    }
    public void setName(String name){
        this.name = name;
    }
    @override protected String doIntercept(ActionInvocation invocation) throws
Exception
    {
        System.out.println("doIntercept");
        System.out.println(name);
        return invocation.invoke();
    }
}
```

MethodFilterInterceptor 的子类需要实现 doIntercept 方法（相当于 Interceptor 的 intercept 方法），如上面代码所示。在上面的代码中还有一个 name 属性，是为了读取拦截器的 name 属性而设置的，如下面的配置代码所示：

```
<?xml version = "1.0"encoding = "UTF - 8"?>
<!DOCTYPEstrutsPUBLIC
    " - //ApacheSoftwareFoundation//DTDStrutsConfiguration2.0//EN"
    "http://struts.apache.org/dtds/struts-2.0.dtd">
<struts>
    <package name = "demo" extends = "struts-default" namespace = " /test">
        <interceptors>
            <interceptor name = "method"class = "interceptor.MultiMethod-
Interceptor"/>
            <interceptor name = "filter" class = "interceptor.MyFilter-
Interceptor">
                <param name = "includeMethods">other</param>
                <param name = "name">china</param>
            </interceptor>
        <interceptor-stack name = "methodStack">
            <interceptor-ref name = "method"/>
            <interceptor-ref name = "filter"/>
            <interceptor-ref name = "defaultStack"/>
        </interceptor-stack>
    </interceptors>
```

```
                <action name = "interceptor" class = "xz. edu. myIntercep-
torAction" method = "other">
                    <interceptor-ref name = "methodStack"/>
                </action>
        </package>
    </struts>
```

再次访问 http://localhost:8080/book/interceptor. action?action＝test，Struts 2 就会调用 MyFilterInterceptor 的 doIntercept 方法来输出 name 属性值。如果将上面的 includeMethods 参数值中的 other 去掉，则 Action 类的 other 方法不会被执行。

4.7 文件上传

4.7.1 上传单个文件

上传文件是很多 Web 程序都具有的功能。在 Struts 1. x 中已经提供了用于上传文件的组件，而在 Struts 2 中提供了一个更为容易操作的上传文件组件。所不同的是，Struts1. x的上传组件需要一个 ActionForm 来传递文件，而 Struts 2 的上传组件是一个拦截器（这个拦截器不用配置，是自动装载的）。接下来先介绍用 struts 2 上传单个文件的操作方法，最后介绍用 Struts 2 上传任意多个文件的操作方法。

用 Struts 2 实现上传单个文件的功能非常容易实现，只要使用普通的 Action 即可。但为了获得一些上传文件的信息，如上传文件名、上传文件类型以及上传文件的 Stream 对象，就需要按着一定规则来为 Action 类增加一些 getter 和 setter 方法。

在 Struts 2 中，用于获得和设置 java. io. File 对象（Struts2 将文件上传到临时路径，并使用 java. io. File 打开这个临时文件）的方法是 getUpload 和 setUpload。获得和设置文件名的方法是 getUploadFileName 和 setUploadFileName，获得和设置上传文件内容类型的方法是 getUploadContentType 和 setUploadContentType。Struts2 的文件上传默认使用的是 Common-FileUpload 文件上传组件。因此，需要在 Web 应用中增加两个 jar 包，即 common-io-1. 3. 2. jar 和 commons-fileupload-1. 1. 1. jar，下面是用于上传的动作类的完整代码。

uploadAction. java 文件代码如下：

```
package xz. edu;
import java. io. * ;
import com. opensymphony. xwork2. ActionSupport;
public class UploadAction extends ActionSupport
{
    Private File upload;
    Private String fileName;
    Private String uploadContentType;
    public String getUploadFileName()
```

```java
{
    return fileName;
}
public void setUploadFileName(String fileName)
{
    this.fileName = fileName;
}
public File getUpload()
{
    return upload;
}
public void setUpload(File upload)
{
    this.upload = upload;
}
public void setUploadContentType(String contentType)
{
    this.uploadContentType = contentType;
}
public String getUploadContentType()
{
    return this.uploadContentType;
}
public String execute() throws Exception
{
    java.io.InputStream is = new java.io.FileInputStream(upload);
    java.io.OutputStream os = new java.io.FileOutputStream("d:\\upload\\"
+ fileName);
    byte buffer[] = new byte[8192];
    int count = 0;
    while((count = is.read(buffer))>0)
    {
        os.write(buffer,0,count);
    }
    os.close();
    is.close();
    return SUCCESS;
}
}
```

在 execute 方法中的实现代码很简单,就是把临时文件复制到指定的路径(在这里是 d:/upload)中。上传文件的临时目录的默认值是 javax. servlet. context. tempdir 的值,但可以通过 struts. properties(和 struts. xml 在同一个目录下)的 struts. multipart. saveDir 属性设置。Struts2 上传文件的默认大小限制是 2MB,也可以通过 struts. properties 文件中的 struts. multipart. maxSize 修改,如 struts. multipart. maxSize=2048,则表示一次上传文件的总大小不能超过 2KB 字节。

上传文件 upload. jsp 的代码如下:

```
<%@page language = "java" import = "java.util. * " pageEncoding = "GBK" %>
<%@taglib prefix = "s" uri = " /struts-tags" %>
<html>
    <head>
        <title>上传单个文件</title>
    </head>
    <body>
        <s:form action = "upload" namespace = " /test" enctype = "multipart /
form-data">
            <s:file name = "upload" label = "输入要上传的文件名"/>
            <s:submit value = "上传"/>
        </s:form>
    </body>
</html>
```

也可以在 upload. jsp 页中通过<s:property>获得文件的属性(文件名和文件内容类型),代码如下:

```
<s:property value = "uploadFileName"/>
```

upload. jsp 文件运行结果如图 4-23 所示。

图 4-23 upload. jsp 文件运行结果

4.7.2 上传多个文件

在 Struts 2 中,上传任意多个文件也比较容易实现。首先,要想上传任意多个文件,需要在客户端使用 DOM 技术生成任意多个标签。name 属性值都相同。

uploadMore. jsp 文件代码如下:

```html
<html>
    <head>
        <script language = "javascript">
            function addComponent()
            {
                var uploadHTML = document. createElement("<input type = 'file'
name = 'upload' />");
                document. getElementById("files"). appendChild(uploadHT-
ML);
                uploadHTML = document. createElement("<p/>");
                document. getElementById("files"). appendChild(uploadHT-
ML);
            }
        </script>
    </head>
    <body>
        <input type = "button" onclick = "addComponent();"value = "添加文
件"/>
        <br />
        <form onsubmit = "return true;"action = " /uploadMore. action"
            method = "post" enctype = "multipart /form-data">
            <span id = "files">
                <input type = 'file'name = 'upload' />
                <p />
            </span>
            <input type = "submit"value = "上传"/>
        </form>
    </body>
</html>
```

上面的 JavaScript 代码可以生成任意多个<input type="file">标签,name 的值都为
file(要注意的是,上面的 JavaScript 代码只适合于 IE 浏览器,firefox 等其他浏览器需要使
用他的代码)。至于 Action 类,和上传单个文件的 Action 类基本一致,只需要将三个属性
的类型改为 List 即可。

UploadMoreAction. java 文件代码如下：

```
package xz.edu;
import java.io.*;
import com.opensymphony.xwork2.ActionSupport;
public class UploadMoreAction extends ActionSupport
{
    private java.util.List<File> uploads;
    private java.util.List<String> fileNames;
    private java.util.List<String> uploadContentTypes;
    public java.util.List<String> getUploadFileName()
    {
        return fileNames;
    }
    public void setUploadFileName(java.util.List<String> fileNames)
    {
        this.fileNames = fileNames;
    }
    public java.util.List<File> getUpload()
    {
        return uploads;
    }
    public void setUpload(java.util.List<File> uploads)
    {
        this.uploads = uploads;
    }
    public void setUploadContentType(java.util.List<String> contentTypes)
    {
        this.uploadContentTypes = contentTypes;
    }
    public java.util.List<String> getUploadContentType()
    {
        return this.uploadContentTypes;
    }
    public String execute() throws Exception
    {
        if(uploads! = null)
        {
            int i = 0;
```

```
                    for(;i<uploads.size();i++)
                    {
                            java.io.InputStream is = new java.io.FileInputStream(uploads.
get(i));
                            java.io.OutputStream os = new java.io.FileOutputStream("d:
upload"+ fileNames.get(i));
                            byte buffer[] = new byte[8192];
                            intcount = 0;
                            while((count = is.read(buffer))>0)
                            {
                                    os.write(buffer,0,count);
                            }
                            os.close();
                            is.close();
                        }
                    }
                return SUCCESS;
        }
}
```

　　在 execute 方法中,只是对 List 对象进行枚举,在循环中的代码和上传单个文件时的代码基本相同。如果读者使用过 Struts 1.x 的上传组件,是不是感觉 Struts 2 的上传功能更容易实现呢? 在 Struts 1.x 中上传多个文件时,可是需要建立带索引的属性的。而在 Struts 2 中,就是这么简单就搞定了。文件 uploadMore.jsp 文件运行界面如图 4-24 所示。

图 4-24　uploadMore.jsp 文件运行结果

4.8 Struts 2 应用实例

该案例通过 Struts 2 框架替代第二章的 JSP+ Servlet+ JavaBean 模式,同样实现用户注册登录功能,模拟了拦截器功能,并增加了相应的验证功能,该案例进一步体现了 Struts 2框架实现 MVC 模式的思想,该案例的文件组织结构如图 4-25 所示。

图 4-25 案例的文件组织结构图

在该 Web 项目中,服务器端接收客户端访问的容器是 Tomcat,因此调用 Struts 2 框架首先需要在 web. xml 进行相应设置,添加 Struts 2 过滤器,增加内容如下:

```
<filter>
    <filter-name>struts2</filter-name>
    <filter-class>
        org. apache. struts2. dispatcher. ng. filter. StrutsPrepareAndExecuteFilter
    </filter-class>
</filter>
<filter-mapping>
    <filter-name>struts2</filter-name>
    <url-pattern> /* </url-pattern>
</filter-mapping>
```

Struts 2 框架被调用时,将解析 struts. xml 文件,根据注册的 action 调用相关类,本例相关设置如下:

```
<action name = "reguser" class = "action.RegAction"   method = "regUser">
        <result name = "success"> /success.jsp</result>
        <!-- 校验失败后返回该页面 -->
        <result name = "input"> /register.jsp</result>
        <!-- 拦截器一般配置在 result 之后 -->
        <!-- 系统内置的拦截器 -->
        <interceptor-ref name = "defaultStack"/>
        <!-- 装配自定义的拦截器 -->
        <interceptor-ref name = "myinterceptor"/>
</action>
```

作为注册控制器 action 的类 RegAction 核心内容如下：

```
private User user;
private String comments;
public User getUser() {     return user;      }
public void setUser(User user) {     this.user = user;      }
public String getComments() {
    return comments;
}
public void setComments(String comments) {
        this.comments = comments;
}
public String regUser() throws Exception{
    UserDAO userdao = new UserDAO();
        if( userdao.findUserByName(user.getUsername()) ){
                setComments("用户已存在");
                return ERROR;
        }
        else{
                boolean flag = userdao.add(user);
                    if(flag){
                        return "success";
                    }
                    else{
                        setComments("注册失败");
                        return ERROR;
                    }
        }
    }
```

该 action 调用 UserDAO 类的主要内容如下：

```
import java.sql.DriverManager;
import java.sql.ResultSet;
import com.mysql.jdbc.Connection;
import java.sql.PreparedStatement;
import beans.User;

public class UserDAO {
    public static final String DRIVER = "com.mysql.jdbc.Driver";
    public static final String DBURL = "jdbc:mysql://localhost:3306/testdb";
    public static final String DBUSER = "root";
    public static final String DBPASS = "654321";
    private Connection conn = null;
    private PreparedStatement pStat = null;
    private ResultSet rs = null;
    public Connection getConnectionn(){
        try{
            Class.forName(DRIVER).newInstance();
            return (Connection) DriverManager.getConnection(DBURL,DBUSER,DB-
PASS);
        }catch(Exception e){
            return null;
        }
    }
    public void close(){
        try{
            if(rs!=null)rs.close();
            if(pStat!=null)pStat.close();
            if(conn!=null)conn.close();
        }catch(Exception e){
            e.printStackTrace();
        }
    }
    public boolean findUserByName(String username){
        conn = getConnectionn();
        try{
            pStat = (PreparedStatement) conn
                    .prepareStatement("select * from users where name=?");
```

```java
                pStat.setString(1, username);
                rs = pStat.executeQuery();
                if(rs.next()) return true;
                else return false;
            }catch(Exception e){
                return false;
            }
        }
    public boolean findUser(String username, String password){
            conn = getConnectionn();
            try {
                pStat = conn.prepareStatement("select * from users where name = ?
and password = ?");
                pStat.setString(1, username);
                pStat.setString(2, password);
                rs = pStat.executeQuery();
                if( rs.next() )    return true;
                else      return false;
                }
            catch (Exception e) {    return false;}
        }
    public boolean add(User user) {
            conn = getConnectionn();
            try {
                pStat = conn.prepareStatement("insert into users(name, password,
birthday)  values(?,?,?)");
                pStat.setString(1, user.getUsername());
                pStat.setString(2, user.getPassword());
                pStat.setDate(3, user.getBirthday());
                int cnt = pStat.executeUpdate();
                if(cnt>0)      return true;
                else      return false;
            }
            catch (Exception e) {      return false;}
            finally{
                        close();
            }
        }  //end add
    }  //end class
```

用户注册页面主要代码如下：

```
<body>
  <s:form action="reguser.action" method="post">
  <s:fielderror></s:fielderror>   <!-- 汇总显示所有验证错误 -->
      <s:textfield name="user.username" label="姓名" cssStyle="width:100px;"></s:textfield>
      <s:password name="user.password" label="密码" style="width:100px;"></s:password>
      <sx:datetimepicker
            name="user.birthday"
            label="出生日期"
            value="'today'"
            displayFormat="yyyy-MM-dd"/>
<!--      <button type="submit" value="Submit" id="submit" onclick="return check()">注册</button> -->
      <s:submit value="注册"  ></s:submit>
  </s:form>
</body>
```

根据 struts.xml 配置内容,若注册成功则跳转到 success.jsp 文件,文件主要内容如下：

```
<body>
    你已经登录,欢迎 <s:property value="user.username"/>
</body>
```

若注册失败则跳转到 error.jsp 文件,文件主要内容如下：

```
<body>
    <s:property value="comments"/>,重新 <s:a href="index.jsp">注册</s:a>
</body>
```

本例还利用 Struts2 框架实现了验证功能,验证配置文件主要内容如下：

```
<!DOCTYPE validators PUBLIC
    "-//Apache Struts//XWork Validator 1.0.3//EN"
    "http://www.opensymphony.com/xwork/xwork-validator-1.0.3.dtd">
<validators>
    <field name="user.username">
        <field-validator type="requiredstring">
            <param name="trim">true</param>
            <message>请输入用户名</message>
        </field-validator>
```

```xml
<field-validator type = "stringlength">
        <param name = "minLength">3</param>
        <param name = "maxLength">18</param>
        <message>用户名长度$ {minLength}--$ {maxLength}</message>
    </field-validator>
</field>

<field name = "user.password">
    <field-validator type = "requiredstring">
        <param name = "trim">true</param>
        <message>请输入密码</message>
    </field-validator>
    <field-validator type = "regex">
        <param name = "regexExpression"><![CDATA[\d{6}]]></param>
        <message>密码必须在6个数字</message>
    </field-validator>
</field>
</validators>
```

本例还配置了自定义的模拟拦截器,该拦截器的定义如下:

```xml
<interceptors>
        <!--定义一个名为myinterceptor的拦截器-->
        <interceptor name = "myinterceptor" class = "interceptor.MyInterceptor">
                <param name = "name">我的拦截器</param>
        </interceptor>
</interceptors>
```

自定义拦截器的类 MyInterceptor 主要代码如下:

```java
@Override
public String intercept(ActionInvocation ai) throws Exception {
    System.out.println(name+"开始拦截-----");
    System.out.println("开始请求 Action 的时间为:"+ new Date());
    long start = System.currentTimeMillis();   //取得开始执行 Action 的时间
    String result = ai.invoke();   //执行后一个拦截器,如果没有,则执行被拦截的 action
    System.out.println("执行完 Action 的时间为:"+ new Date());
```

```
long end = System.currentTimeMillis();
System.out.println("执行完 Action 的时间为"+(end-start)+"毫秒");
System.out.println(name+" 拦截器结束 ---- -");
return result;
}
```

至此,本例中所有的配置文件和类文件的核心代码都已完成。

巩固练习

1. 深入理解并写出 Struts 2 程序开发的基本配置。
2. 为 Action 类增加第二个方法并调用。
3. append、iterator 等标签的使用。
4. 在书中上传例子基础上完成下载功能。
5. 完善本章中最后一个案例,实现用户登录功能。

【微信扫码】
习题解答 & 相关资源

第5章 Hibernat 和 MyBatis

学习目标

1. 了解 Hibernate 运行原理
2. 掌握 Hibernate 实际运用
3. 了解 MyBatis 运行原理
4. 掌握 MyBatis 实际运用
5. 了解 Hibernate 与 MyBatis 联系和区别

5.1 ORM 简介

对象/关系映射 ORM(Object-Relation Mapping)是用于将对象与对象之间的关系对应到数据库表与表之间的关系的一种模式。简单地说,ORM 是通过使用描述对象和数据库之间映射的元数据,将 Java 程序中的对象自动持久化到关系数据库中。对象和关系数据是业务实现的两种表现形式,业务实体在内存中表现为对象,在数据库中表现为关系数据。内存中的对象之间存在着关联和继承关系。而在数据库中,关系数据无法直接表达多对多关联和继承关系。因此,ORM 系统一般以中间件的形式存在,主要实现程序对象到关系数据库数据的映射。一般的 ORM 包括四个部分:对持久类对象进行 CRUD 操作的 API、用来规定类和类属性相关查询的语言或 API、规定 mapping metadata 的工具,以及可以让 ORM 实现同事务对象一起进行 dirty checking、lazy association fetching 和其他优化操作的技术。

ORM 基本对应规则如下:

(1) 类跟表相对应;

(2) 类的属性跟表的字段相对应;

(3) 类的属性的个数和名称可以和表中定义的字段个数和名称不一样;

(4) Object(类的实例)与表中具体的一条记录相对应;

(5) DB 中的表可以没有主键,但是 Object 中必须设置主键字段;

(6) DB 中表与表之间的关系(如:外键)映射成为 Object 之间的关系。

ORM 基本对应关系如图 5-1 所示。

图 5 - 1　ORM 基本对应关系

5.2　Hibernate 体系结构

Hibernate 是一个轻量级的 ORM 框架,在 MVC 框架中,Hibernate 作为模型层/数据访问层。它通过配置文件(hibernate. cfg. xml 或 hibernate. properties)和映射文件(＊.hbm. xml)把 Java 对象或持久化对象(Persistent Object,PO)映射到数据库中的数据表,然后通过操作 PO,对数据库中的表进行各种操作,其中 PO 就是 POJO(普通 Java 对象)加映射文件。Hibernate 的体系结构如图 5 - 2 所示。

图 5 - 2　Hibernate 的体系结构

Hibernate 主要用来实现 Java 对象和表之间的映射,使得 Java 程序员可以使用对象编程思维来操纵数据库。除此之外还提供查询和处理数据的方法,对 JDBC 进行了非常轻量级的对象封装,可以大幅度减少开发时人工使用 SQL 和 JDBC 处理数据的时间。Hibernate 实现对象与数据库之间映射关系如图 5 - 3 所示。

图 5 - 3　**Hibernate** 实现对象与数据库之间映射

5.3　Hibernate 应用实例

开发 Hibernate 项目的步骤如下。

1. 建立数据库及表

本书使用 Mysql 数据库,首先创建名为"jwxt"数据库,并在"jwxt"数据库中建立学科代码（curricode）表,其表结构创建及插入记录代码如下。

```
------------------------------
-- Table structure for `curricode`
------------------------------
DROP TABLE IF EXISTS `curricode`;
CREATE TABLE `curricode` (
  `ID` int(11) NOT NULL AUTO_INCREMENT,
  `Code` varchar(2) NOT NULL,
  `Name` varchar(50) NOT NULL,
  `Type` int(11) NOT NULL,
  `ParentID` int(11) NOT NULL,
  PRIMARY KEY (`ID`)
) ENGINE = InnoDB AUTO_INCREMENT = 81 DEFAULT CHARSET = utf8;
INSERT INTO `curricode` VALUES ('1', '01', '人文学院', '0', '0');
INSERT INTO `curricode` VALUES ('2', '02', '教育科学学院', '0', '0');
INSERT INTO `curricode` VALUES ('3', '03', '外国语学院', '0', '0');
INSERT INTO `curricode` VALUES ('4', '04', '经济与管理学院', '0', '0');
INSERT INTO `curricode` VALUES ('5', '05', '教师教育学院', '0', '0');
INSERT INTO `curricode` VALUES ('6', '06', '新闻传播学院', '0', '0');
INSERT INTO `curricode` VALUES ('7', '07', '数学与信息技术学院', '0', '0');
INSERT INTO `curricode` VALUES ('8', '08', '生物化工与环境工程学院', '0', '0');
INSERT INTO `curricode` VALUES ('9', '09', '物理与电子工程学院', '0', '0');
INSERT INTO `curricode` VALUES ('10', '10', '音乐学院', '0', '0');
```

```
INSERT INTO`curricode`VALUES ('11', '11', '美术学院', '0', '0');
INSERT INTO`curricode`VALUES ('12', '12', '体育系', '0', '0');
INSERT INTO`curricode`VALUES ('13', '1', '通识教育必修课程', '2', '0');
INSERT INTO`curricode`VALUES ('14', '2', '通识教育任选课程', '2', '0');
INSERT INTO`curricode`VALUES ('16', '5', '综合素质课程(专业综合选修课)', '2', '0');
INSERT INTO`curricode`VALUES ('17', '6', '综合素质课程(素质拓展)', '2', '0');
INSERT INTO`curricode`VALUES ('18', '3', '学科基础课程', '2', '0');
INSERT INTO`curricode`VALUES ('19', '4', '专业课程', '2', '0');
```

2. 创建 Web 项目,命名为"HibernateTest"

3. 添加 Hibernate 开发能力

选择 Hibernate 框架应用版本并导入所需要的类库。

图 5 - 4　项目添加类库

4. 创建各类文件

图 5 - 5　项目文件目录

文件目录如图5-5所示,其中,Hibernate配置文件hibernate. cfg. xml,将该文件放在src文件夹下,Hibernate中有一个与数据库打交道重要的类Session,而这个类是由工厂SessionFactory创建的。数据库表对应的Java类对象和映射文件,存放在名为"org. model"的包下,这个包将用来存放与数据库表对应的Java类POJO。POJO(Plain Old Java Object,简单的Java对象),通常也称为VO(Value Object,值对象)。使用POJO名称是为了避免和EJB混淆起来,其中有一些属性及getter、setter方法。当然,如果有一个简单的运算属性也是可以的,但不允许有业务方法。

5. 创建测试类

在src文件夹下创建包test,在该包下建立测试类,命名为Test. java,其代码如下:

```java
package test;
import java. util. List;
import org. hibernate. Query;
import org. hibernate. Session;
import org. hibernate. Transaction;
import org. model. Curricode;
import org. util. HibernateSessionFactory;
public class Test {
    public static void main(String[] args) {
    // 调用HibernateSessionFactory的getSession方法创建Session对象
    Session session = HibernateSessionFactory. getSession();
    // 创建事务对象
    Transaction ts = session. beginTransaction();
    Curricode Cc = new Curricode ();                    // 创建POJO类对象
    Cc. setCode ("22");                                  // 设置课程号
    Cc. setType (0);                                     // 设置课程名
    Cc. setName ("物电学院");                           // 设置开学学期
    // 保存对象
    session. save(Cc);
    ts. commit();                                        // 提交事务
    Query query = session. createQuery("from Curricode where code = 22");
    List list = query. list();
    Curricode Cc1 = (Curricode) list. get(0);
    System. out. println(Cc1. getName());
    HibernateSessionFactory. closeSession();             // 关闭Session
    }
}
```

6. 运行

因为该程序为Java Application,所以可以直接运行。运行程序,控制台就会打印出"物电学院"。在完全没有直接操作数据库的情况下,就完成了对数据的插入,结果如图 5-6 所示。

图 5-6   Hibernate 运行结果

5.4   文件作用详解

1. POJO 类

POJO 类如下:

```
package org.model;

/* *
 * Curricode entity. @author MyEclipse Persistence Tools
 * /

public class Curricode implements java.io.Serializable {
    // Fields
    private Integer id;
    private String code;
    private String name;
    private Integer type;
```

```java
private Integer parentId;
// Constructors
/* * default constructor * /
public Curricode() {
}
/* * full constructor * /
public Curricode(Integer id, String code, String name, Integer type,
        Integer parentId) {
    this.id = id;
    this.code = code;
    this.name = name;
    this.type = type;
    this.parentId = parentId;
}
// Property accessors
public Integer getId() {
    return this.id;
}
public void setId(Integer id) {
    this.id = id;
}
public String getCode() {
    return this.code;
}
public void setCode(String code) {
    this.code = code;
}
public String getName() {
    return this.name;
}
public void setName(String name) {
    this.name = name;
}
public Integer getType() {
    return this.type;
}
public void setType(Integer type) {
```

```
        this. type = type;
    }
    public Integer getParentId() {
        return this. parentId;
    }
    public void setParentId(Integer parentId) {
        this. parentId = parentId;
    }
}
```

可以发现,该类中的属性和表中的字段是一一对应的。那么通过什么方法把它们一一映射起来呢？这里就是通过 Curridcode. hbm. xml 文件配置表与 POJO 类的映射关系,其代码如下:

```
<?xml version = "1. 0" encoding = "utf-8"?>
<!DOCTYPE hibernate-mapping PUBLIC " - //Hibernate /Hibernate Mapping DTD 3. 0 //EN"
"http: //hibernate. sourceforge. net /hibernate-mapping-3. 0. dtd">
<! --
    Mapping file autogenerated by MyEclipse Persistence Tools
-->
<hibernate-mapping>
    <class name = "org. model. Curricode" table = "curricode" catalog = "jwxt">
        <id name = "id" type = "java. lang. Integer">
            <column name = "ID" />
            <generator class = "identity" />
        </id>
        <property name = "code" type = "java. lang. String">
            <column name = "Code" length = "2" not-null = "true" />
        </property>
        <property name = "name" type = "java. lang. String">
            <column name = "Name" length = "50" not-null = "true" />
        </property>
        <property name = "type" type = "java. lang. Integer">
            <column name = "Type" not-null = "true" />
        </property>
        <property name = "parentId" type = "java. lang. Integer">
            <column name = "ParentID" not-null = "true" />
        </property>
```

```
    </class>
</hibernate-mapping>
```

2. 文件配置

（1）类、表映射配置

```
<class name = "org.model.Curricode" table = "curricode" catalog = "jwxt">
```

name 属性指定 POJO 类为 org.model.Curricode，table 属性指定当前类对应数据库表 curricode。

（2）id 映射配置

```
<id name = "id" type = "java.lang.Integer">
    <column name = "ID" />
    <generator class = "identity" />
</id>
```

Hibernate 的主键生成策略分为三大类：Hibernate 对主键 id 赋值、应用程序自身对 id 赋值、由数据库对 id 赋值。

identity：采用数据库提供的主键生成机制，当设置<generator class="identity"/ >时，则应用 SQL Server、MySQL 中的自增主键生成机制。

（3）属性、字段映射配置

属性、字段映射将映射类属性与库表字段相关联。

```
<property name = "code" type = "java.lang.String">
    <column name = "Code" length = "2" not-null = "true" />
</property>
```

name="code" 指定映像类中的属性名为"code"，此属性将被映像到指定的库表字段 Code。type="java.lang.String"指定映像字段的数据类型。column name="Code"指定类的 code 属性映射 Curricode 表中的 Code 字段。

（4）hibernate.cfg.xml 文件

该文件是 Hibernate 重要的配置文件，该文件代码如下：

```
<?xml version = '1.0' encoding = 'UTF - 8'?>
<!DOCTYPE hibernate-configuration PUBLIC
        " - //Hibernate /Hibernate Configuration DTD 3.0//EN"
        "http://hibernate.sourceforge.net /hibernate-configuration-3.0.dtd">

<!-- Generated by MyEclipse Hibernate Tools. -->
<hibernate-configuration>

    <session-factory>
```

```
<property name = "dialect">
    org.hibernate.dialect.MySQLDialect
</property>
<!-- 数据库连接地址 -->
<property name = "connection.url">
    jdbc:mysql://127.0.0.1:3306/jwxt?useUnicode = true
</property>
<!-- 数据库连接用户名 -->
<property name = "connection.username">root</property>
<!-- 数据库连接密码 -->
<property name = "connection.password">123456</property>
<!-- 数据库连接驱动 -->
<property name = "connection.driver_class">
    com.mysql.jdbc.Driver
</property>
<property name = "myeclipse.connection.profile">MyConn</property>
<!--表与POJO类对应的映射文件   -->
<mapping resource = "org/model/Teachercode.hbm.xml" />
<mapping resource = "org/model/Curricode.hbm.xml" />
    </session-factory>
</hibernate-configuration>
```

（5）HibernateSessionFactory

HibernateSessionFactory 类是自定义的 SessionFactory，名字可以根据自己的喜好来决定。在 Hibernate 中，Session 负责完成对象持久化操作。HibernateSessionFactory 类文件负责创建 Session 对象，以及关闭 Session 对象。从该文件可以看出，Session 对象的创建大致需要以下 3 个步骤：

① 初始化 Hibernate 配置管理类 Configuration。

② 通过 Configuration 类实例创建 Session 的工厂类 SessionFactory。

③ 通过 SessionFactory 得到 Session 实例。

5.5 Hibernate 核心接口

Hibernate 运行时的体系结构如图 5-7 所示。

Hibernate 工作原理如图 5-8 所示。

图 5-7 **Hibernate** 运行时体系结构图

图 5-8 **Hibernate** 工作原理图

1. Configuration 接口

Configuration 负责管理 Hibernate 的配置信息。Hibernate 运行时需要一些底层实现的基本信息。这些信息包括:数据库 URL、数据库用户名、数据库用户密码、数据库 JDBC 驱动类、数据库 dialect。这些数据用于对特定数据库提供支持,其中包含了针对特定数据库特性的实现,如 Hibernate 数据库类型到特定数据库数据类型的映射等。

使用 Hibernate 必须首先提供这些基础信息以完成初始化工作,为后续操作做好准备。这些属性在 Hibernate 配置文件 hibernate. cfg. xml 中加以设定,当调用 Configuration config=new Configuration(). configure()时,Hibernate 会自动在目录下搜索 hibernate. cfg. xml 文件,并将其读取到内存中作为后续操作的基础配置。

2. SessionFactory 接口

SessionFactory 负责创建 Session 实例,可以通过 Configuration 实例构建 SessionFactory。

```
Configuration config = new Configuration().configure();
SessionFactory sessionFactory = config.buildSessionFactory();
```

Configuration 实例 config 会根据当前的数据库配置信息,构造 SessionFactory 实例并返回。SessionFactory 一旦构造完毕,即被赋予特定的配置信息。也就是说,之后 config 的任何变更将不会影响到已经创建的 SessionFactory 实例 sessionFactory。如果需要使用基于变更后的 config 实例的 SessionFactory,需要从 config 重新构建一个 SessionFactory 实例。

SessionFactory 保存了对应当前数据库配置的所有映射关系,同时也负责维护当前的二级数据缓存和 Statement Pool。由此可见,SessionFactory 的创建过程非常复杂、代价高昂。这也意味着,在系统设计中充分考虑到 SessionFactory 的重用策略。由于 SessionFactory 采用了线程安全的设计,可由多个线程并发调用。

3. Session 接口

Session 是 Hibernate 持久化操作的基础,提供了众多持久化的方法,如 save、update、delete 等。通过这些方法,透明地完成对象的增加、删除、修改、查找等操作。同时,值得注意的是,Hibernate Session 的设计是非线程安全的,即一个 Session 实例同时只可由一个线程使用。同一个 Session 实例的多线程并发调用将导致难以预知的错误。

Session 实例由 SessionFactory 构建:

```
Configuration config = new Configuration().configure();
SessionFactory sessionFactory = config.buldSessionFactory();
Session session = sessionFactory.openSession();
```

4. Transaction 接口

Transaction 是 Hibernate 中进行事务操作的接口,Transaction 接口是对实际事务实现的一个抽象,这些实现包括 JDBC 的事务、JTA 中的 UserTransaction,甚至可以是 CORBA 事务。之所以这样设计是可以让开发者能够使用一个统一的操作界面,使得自己的项目可以在不同的环境和容器之间方便地移植。事务对象通过 Session 创建。例如以下语句:

```
Transaction ts = session.beginTransaction();
```

5. Query 接口

在 Hibernate 2. x 中,find()方法用于执行 HQL 语句。Hibernate 3. x 废除了 find()方法,取而代之的是 Query 接口,它们都用于执行 HQL 语句。Query 和 HQL 是分不开的。

```
Query query = session.createQuery("from Kcb where kch = 198");
```

例如以下语句:

```
Query query = session.createQuery("from Kcb where kch = ?");
```

就要在后面设置其值:

```
Query.setString(0, "要设置的值");
```

上面的方法是通过"?"来设置参数,还可以用":"后跟变量的方法来设置参数,如上例可以改为：

```
Query query = session.createQuery("from Kcb where kch = :kchValue");
Query.setString("kchValue","要设置的课程号值");
```

其使用方法是相同的，例如：

```
Query.setParameter(0, "要设置的值");
```

Query 还有一个 list()方法，用于取得一个 List 集合的示例，此示例中包括可能是一个 Object 集合，也可能是 Object 数组集合。例如：

```
Query query = session.createQuery("from Kcb where kch = 198");
List list = query.list();
```

5.6 HQL

HQL 是 Hibernate Query Language 的缩写。HQL 是面向对象的查询语句，它的语法和 SQL 语句有些相像，在运行时才得以解析。HQL 并不像 SQL 那样是数据表操作语言，HQL 是面向对象的操作语言，HQL 总的对象名是区分大小写的，HQL 中操作的是对象而不是元素，并且支持多态，其主要通过 Query 来操作。

1. HQL 查询

下面介绍 HQL 的几种常用的查询方式。查询是 HQL 中最常用的一种数据操作方式。下面以学院编码信息为例说明几种查询情况。

（1）查询所有学院信息

```
...
Session session = HibernateSessionFactory.getSession();
Transaction ts = session.beginTransaction();
Query query = session.createQuery("from Curricode");
List list = query.list();
ts.commit();
HibernateSessionFactory.closeSession();
```

（2）查询学院编码是'22'的信息

```
...
Session session = HibernateSessionFactory.getSession();
Transaction ts = session.beginTransaction();
Query query = session.createQuery("select name from Curricode where code = 22");
List list = query.list();
ts.commit();
HibernateSessionFactory.closeSession();
```

（3）使用范围运算查询

```
...
Session session = HibernateSessionFactory.getSession();
Transaction ts = session.beginTransaction();
// 查询这样的学院信息,编码在 0~4 之间
Query query = session.createQuery("from Curricode where (code between 0 and 4);
List list = query.list();
ts.commit();
HibernateSessionFactory.closeSession();
```

2. HQL 更新与删除

以下利用 HQL 进行实体更新和删除的技术。这项技术功能是 Hibernate3 的新加入的功能,在 Hibernate2 中是不具备的。

（1）把编码 22 更新为 23

```
...
Session session = HibernateSessionFactory.getSession();
Transaction trans = session.beginTransaction();
String hql = "update Curricode curr set curr.code = 23 where curr.code = 22";
Query queryupdate = session.createQuery(hql);
queryupdate.executeUpdate();
trans.commit();
```

通过这种方式可以在 Hibernate3 中一次性完成批量数据的更新。

（2）删除编码是'23'的所有记录

```
...
Session session = HibernateSessionFactory.getSession();
Transaction trans = session.beginTransaction();
String hql = "delete from Curricode curr where curr.code = 23";
Query queryupdate = session.createQuery(hql);
queryupdate.executeUpdate();
trans.commit();
```

5.7 Hibernat 关系映射

Hibernate 关系映射的主要任务是实现数据库关系表与持久化类之间的映射,本节主要讲述 Hibernate 关系映射的几种关联关系。

1. 一对一(person-idcard)

（1）基于主键的 one-to—one(person 的映射文件)

关联关系 ER 图如图 5-9 所示。

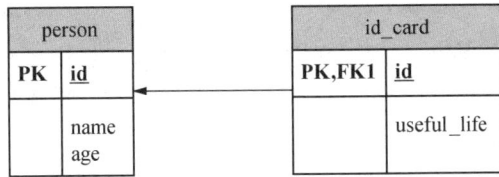

图 5-9　一对一（基于主键）

```
<id name = "id">
    <generator class = "foreign"><param name = "property">idCard</param>
</generator>
<id>
<one-to-one name = "idCard" constrained = "true"/>
```

（2）基于外健的 one-to-one，可以描述为多对一，加 unique="true"约束

关联关系 ER 图如图 5-10 所示。

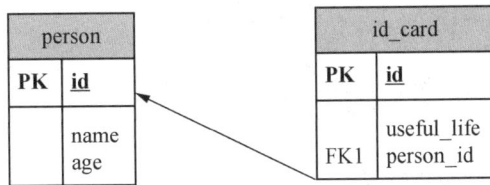

图 5-10　一对一（基于外键）

```
<one-to-one name = "idCard" property-ref = "person"/>
    property-ref 用于指定关联类的一个属性,这个属性将会和本外键相对应
<many-to-one name = "person" column = "person_id" unique = "true" not-null = "true"/
>
<! -唯一的多对一,其实就变成了一对一了-->
```

2. 多对一（employee-department）

关联关系 ER 图如图 5-11 所示。

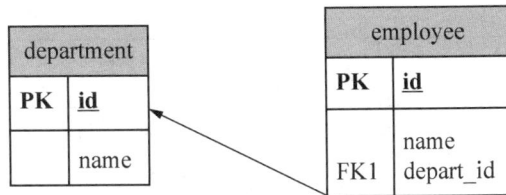

图 5-11　多对一

映射文件<many-to-one name="depart" column="depart_id"/>

3. 一对多（Department-Employee）

```
<set name = "employees">
```

```
        <key column = "depart_id"/>
        <one-to-many class = "Employee"/>
</set>
```

4. 多对多(teacher-student)

关联关系 ER 图如图 5 - 12 所示。

图 5 - 12 多对多

多对多在操作和性能方面都不太理想,所以多对多的映射使用较少,实际使用中最好转换成一对多的对象模型;Hibernate 会为我们创建中间关联表,转换成两个一对多。

```
<set name = "teacher" table = "teacher_student">
        <key column = "teacher_id"/>
        <many-to-many class = "Student" column = "student_id"/>
</set>
```

下面就以多对多为例,介绍在 Hibernate 中操作的关联关系。

学生和教师就是多对多的关系,一个学生可以选择多门课程,因此可以有多个教师,而一个教师又可以教多个学生。多对多关系在关系数据库中不能直接实现,还必须依赖一张连接表。如表 5 - 1、表 5 - 2 和表 5 - 3 所示。

表 5 - 1 学生表 student

字段名称	数据类型	主　键	自　增	允许为空	描　述
ID	int	是	增1		ID 号
SNUMBER	varchar(10)				学号
SNAME	varchar(10)			是	姓名
SAGE	int			是	年龄

表 5 - 2 教师表 teacher

字段名称	数据类型	主　键	自　增	允许为空	描　述
ID	int	是	增1		ID 号
TNUMBER	varchar(10)				教师工号
TNAME	varchar(10)			是	姓名

表 5 - 3   连接表 tea-stu

字段名称	数据类型	主　键	自　增	允许为空	描　述
SID	int	是			学生 ID 号
TID	int	是			教师 ID 号

这里以从学生知道选择了多门课程就选择了多个教师为例实现多对多单向关联。步骤如下：

① 在项目 Hibernate_mapping 的 org. model 包下编写生成数据库表对应的 Java 类对象和映射文件。

student 表对应的 POJO 类如下：

```
package org.model;
import java.util.HashSet;
import java.util.Set;
public class Student implements java.io.Serializable{
    private int id;
    private String snumber;
    private String sname;
    private int sage;
    private Set teachers = new HashSet();
    //省略上述各属性的 getter 和 setter 方法
}
```

student 表与 Student 类的 ORM 映射文件 Student. hbm. xml 代码如下：

```
<?xml version = "1.0" encoding = "utf-8"?>
<!DOCTYPE hibernate-mapping PUBLIC " - //Hibernate /Hibernate Mapping DTD 3.0//
EN"
"http://hibernate.sourceforge.net /hibernate-mapping-3.0.dtd">
<hibernate-mapping>
    <class name = "org.model.Student" table = "student">
        <id name = "id" type = "java.lang.Integer">
            <column name = "ID" length = "4" />
            <generator class = "identity"/>
        </id>
        <property name = "snumber" type = "java.lang.String">
            <column name = "SNUMBER"/>
        </property>
        <property name = "sname" type = "java.lang.String">
            <column name = "SNAME" />
        </property>
```

```xml
        <property name = "sage" type = "java. lang. Integer">
                <column name = "SAGE"></column>
        </property>
        <set name = "teachers"
                        // set 标签表示此属性为 Set 集合类型,由 name 指定属性名称
        table = "tea_stu"                                  // 连接表的名称
        lazy = "true"      // 表示此关联为延迟加载,所谓延迟加载就是到了用的时
                                // 候进行加载,避免大量暂时无用的关系对象
         cascade = "all">                                  // 级联程度
        <key column = "SID"></key>            // 指定参照 student 表的外键名称
        <many-to-many class = "org. model. Teacher"        // 被关联的类的名称
                column = "TID"/>            // 指定参照 course 表的外键名称
        </set>
    </class>
</hibernate-mapping>
```

teacher 表对应的 POJO 如下:

```java
package org. model;
public class Teacher implements java. io. Serializable{
    private int id;
    private String tnumber;
    private String tname;
    //省略上述各属性的 getter 和 setter 方法.
}
```

teacher 表与 Teacher 类的 ORM 映射文件 Teacher. hbm. xml 代码如下:

```xml
<?xml version = "1. 0" encoding = "utf-8"?>
<!DOCTYPE hibernate-mapping PUBLIC " - //Hibernate /Hibernate Mapping DTD 3. 0 //
EN"
"http: //hibernate. sourceforge. net /hibernate-mapping-3. 0. dtd">
<hibernate-mapping>
    <class name = "org. model. Teacher" table = "teacher">
        <id name = "id" type = "java. lang. Integer">
            <column name = "ID" length = "4" />
                <generator class = "identity"/>
        </id>
        <property name = "tnumber" type = "java. lang. String">
            <column name = "TNUMBER"/>
        </property>
```

```
            <property name = "tname" type = "java.lang.String">
                <column name = "TNAME" />
            </property>
    </class>
</hibernate-mapping>
```

② 在 hibernate.cfg.xml 文件中加入如下的配置映射文件的语句。

```
<mapping resource = "org /model /Student.hbm.xml"/>
<mapping resource = "org /model /Teacher.hbm.xml"/>
```

③ 编写测试代码。

在 src 文件夹下的包 test 的 Test 类中加入代码如下所示:

```
…
Teacher teacher1 = new Teacher( );
Teacher teacher2 = new Teacher( );
Teacher teacher3 = new Teacher( );
teacher1.setTnumber("101");
teacher1.setTname("王芳");
teacher2.setTnumber("102");
teacher2.setTname("李明");
teacher3.setTnumber("103");
teacher3.setTname("张宏");
Set teachers = new HashSet( );
teachers.add(teacher 1);
teachers.add(teacher 2);
teachers.add(teacher 3);
Student stu = new Student();
stu.setSnumber("081101");
stu.setSname("李方方");
stu.setSage(21);
stu.setTeachers(teachers);
session.save(stu);
//设置完成后就可以通过 Session 对象调用 session.save(stu)完成持久化
…
```

5.8 Hibernate、Struts 2 应用案例

结合上一章 Struts 2 应用案例,仍然实现用户注册功能,使用 Hibernate 框架替代 JD-BC 实现持久层的功能,案例的文件组织结构如图 5 - 13 所示。

图 5 - 13　案例的文件组织结构图

通过与第三章中的图 3 - 25 比较可以看出,项目增加了两个文件:hibernate. cfg. xml 和 User. hbm. xml,其他文件结构没有发生变化。hibernate. cfg. xml 主要内容如下:

```
<!DOCTYPE hibernate-configuration PUBLIC
        " - //Hibernate /Hibernate Configuration DTD 3.0//EN"
        "http://www.hibernate.org /dtd /hibernate-configuration-3.0.dtd">

<hibernate-configuration>
    <session-factory>
<property name = "dialect">org. hibernate. dialect. MySQLDialect</property>
<property name = "connection. url">jdbc:mysql: //localhost:3306 /testdb</prop-
erty>
<property name = "connection. username">root</property>
<property name = "connection. password">654321</property>
<property name = "connection. driver_class">com. mysql. jdbc. Driver</property>
<mapping resource = "beans /User. hbm. xml" />
    </session-factory>
</hibernate-configuration>
```

User. hbm. xml 文件内容如下:

```
<!DOCTYPE hibernate-mapping PUBLIC " - //Hibernate /Hibernate Mapping DTD 3.0//EN"
"http://www.hibernate.org /dtd /hibernate-mapping-3.0.dtd">
<hibernate-mapping>
    <class name = "beans. User"  table = "users" catalog = "testdb">
        <id name = "id" column = "id"><! --修饰主键-->
```

· 176 ·

```
                    <generator class = "native" />
            </id>
            <property name = "username" column = "name" />
            <property name = "password" column = "password" />
            <property name = "birthday" column = "birthday" />
        </class>
</hibernate-mapping>
```

UserDAO 文件需要在原有基础上进行修改,使用 Hibernate 的对象对实体对象进行操作,主要代码如下:

```java
import java.sql.Date;
import java.sql.DriverManager;
import java.sql.ResultSet;
import com.mysql.jdbc.Connection;
import java.sql.PreparedStatement;
import java.util.List;
import org.hibernate.Query;
import org.hibernate.Session;
import org.hibernate.SessionFactory;
import org.hibernate.Transaction;
import org.hibernate.cfg.Configuration;
import beans.User;
public class UserDAO {
    //定义 Hibernate 三个对象
    SessionFactory sf = null;
    Session session = null;
    Transaction trans = null;

    public UserDAO(){
        //通过配置文件创建 SessionFactory 实例对象
        sf = new Configuration ().configure().buildSessionFactory();
    }

    public void close(){
        try{
            if(session! = null)session.close();
        }catch(Exception e){
            e.printStackTrace();
        }
```

```java
        }
        public boolean findUserByName(String username){
            //通过 SessionFactory 实例对象获取 session 对象
            session   = sf.openSession();
            try{
                String hql = "from User u where u.username = ?";
                Query query = session.createQuery(hql);
                query.setParameter(0,username);
                List<User> list = query.list();
                if(list.isEmpty()) return false;
                else return true;
            }catch(Exception e){
                return true;
            }
        }
        public List<User> findUser(){
            session   = sf.openSession();
            try{
                String hql = "from User";
                Query query = session.createQuery(hql);
                List<User> list = query.list();
                if(list.isEmpty()) return null;
                else return list;
            }catch(Exception e){
                return null;
            }
        }
        public boolean add(User user) {
            session   = sf.openSession();
            //开启事务
            trans = session.beginTransaction();
            try {
                User u = new User();
                u.setUsername(user.getUsername());
                u.setPassword(user.getPassword());
                u.setBirthday(user.getBirthday());
                //把数据放入一级缓存 session 中
                session.save(u);
```

```
                //提交事务,与数据库开始交互
                trans.commit();
                return true;
        }
        catch (Exception e) {        return false; }
        finally{
                        close();
        }
    }  //end add
}  //end class
```

为了在注册成功跳转到成功页面时能够显示所有用户,需要在 RegAction.java 文件中增加对象 userslist,并在 success.jsp 文件中使用 Struts 2 的数据标签进行显示。RegAction.java 文件增加代码如下:

```
private List<User> userslist;
public List<User> getUserslist() {
    return userslist;
}
```

Success.jsp 文件增加代码如下:

```
<body>
    你好 <s:property value = "user.username"/><br>
    所有已注册用户
    <table class = "table"   border = "1">
        <tr>
            <th>姓名</th>
            <th>密码</th>
            <th>生日</th>
        </tr>
        <s:iterator value = "userslist" id = "u">
            <tr>
                <td align = "center"><s:property value = "#u.username"
/></td>
                <td align = "center"><s:property value = "#u.pass-
word" /></td>
                <td align = "center"><s:property value = "#u.birth-
day" /></td>
            </tr>
        </s:iterator>
```

```
</table>
</body>
```

注册成功运行界面如图5-14所示。

图 5-14　注册成功运行界面

5.9　Mybatis 简介及应用

MyBatis 的前身是 iBatis，iBatis 本是由 Clinton Begin 开发，后来捐给 Apache 基金会，成立了 iBatis 开源项目。2010 年 5 月该项目由 Apahce 基金会迁移到了 Google Code，并且改名为 MyBatis。接下来首先简要了解 iBatis 的相关知识。

相对 Hibernate 和 Apache OJB 等"一站式"ORM 解决方案而言，iBatis 是一种"半自动化"的 ORM 实现。这里的"半自动化"是相对于 Hibernate 等提供了全面的数据库封装机制的"全自动化"ORM 实现而言，"全自动"ORM 实现了 POJO 和数据库表之间的映射，以及 SQL 的自动生成和执行。而 ibatis 的着力点，则在于 POJO 与 SQL 之间的映射关系。也就是说，iBatis 并不会为程序员在运行期自动生成 SQL 执行。具体的 SQL 需要程序员编写，然后通过映射配置文件，将 SQL 所需的参数，以及返回的结果字段映射到指定 POJO。

使用 iBatis 提供的 ORM 机制，对业务逻辑实现人员而言，面对的是纯粹的 Java 对象，这一层与通过 Hibernate 实现 ORM 而言基本一致，而对于具体的数据操作，Hibernate 会自动生成 SQL 语句。而 iBatis 则要求开发者编写具体的 SQL 语句，相对 Hibernate 等"全自动"ORM 机制而言，iBatis 以 SQL 开发的工作量和数据库移植性上的让步，为系统设计提供了更大的自由空间。作为"全自动"ORM 实现的一种有益补充，iBatis 的出现显得别具意义。

5.9.1　MyBatis 简介

MyBatis 是支持普通 SQL 查询、存储过程和高级映射的优秀持久层框架。MyBatis 消除了几乎所有的 JDBC 代码和参数的手工设置以及对结果集的检索。MyBatis 可以使用简单的 XML 或注解用于配置和原始映射，将接口和 Java 的 POJO(Plain Old Java Objects，普通的 Java 对象)映射成数据库中的记录。

MyBatis 是一个数据持久层(ORM)框架，把实体类和 SQL 语句之间建立了映射关系，是一种半自动化的 ORM 实现。

1. MyBatis 的优点

(1) 基于 SQL 语法，简单易学；

（2）能了解底层组装过程；

（3）SQL 语句封装在配置文件中，便于统一管理与维护，降低了程序的耦合度；

（4）程序调试方便。

2. 与传统 JDBC 的比较

（1）减少了 61％的代码量；

（2）最简单的持久化框架；

（3）架构级性能增强；

（4）SQL 代码从程序代码中彻底分离，可重用；

（5）增强了项目中的分工；

（6）增强了移植性。

3. MyBatis 实现代码分析

```
1. Class.forName("com.mysql.jdbc.Driver");
2. Connection conn = DriverManager.getConnection(url,user,password);
3. java.sql.PrepareStatement st = conn.prepareStatement(sql);
4. st.setInt(0,1);
5. st.execute();
6. java.sql.ResultSet rs = st.getResultSet();
7. while(rs.next()){
8.   string result = rs.getString(colname);
9. }
```

（1）前两行是对数据库的数据源的管理包括事务管理；

（2）3、4 两行 MyBatis 通过配置文件来管理 SQL 以及输入参数的映射；

（3）6、7、8 行 MyBatis 获取返回结果到 Java 对象的映射，也是通过配置文件管理。

MyBatis 就是将上面这几行代码分解包装，机制如图 5-15 所示。

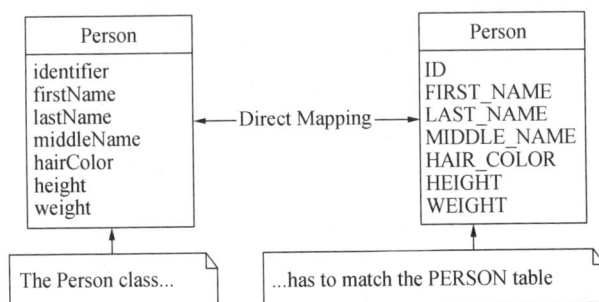

图 5-15　MyBatis 工作机制

4. 与 Hibernate 的对比

● Hibernate 的映射关系：

MyBatis	Hibernate
● 是一个 SQL 语句映射的框架(工具); ● 注重 POJO 与 SQL 之间的映射关系,不会为程序员在运行期自动生成 SQL; ● 自动化程度低,手工映射 SQL,灵活程度高; ● 需要开发人员熟练掌据 SQL 语句。	● 主流的 ORM 框架,提供了从 POJO 到数据库表的全套映射机制; ● 会自动生成全套 SQL 语句; ● 因为自动化程度高、映射配置复杂,api 也相对复杂,灵活性低; ● 开发人不必关注 SQL 底层语句开发。

MyBatis 的映射关系,如图 5-16 所示。

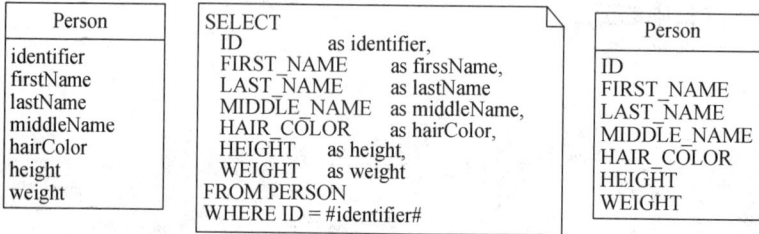

图 5-16　MyBatis 映射关系

5.9.2　MyBatis 工作流程

工作流程如图 5-17 所示。

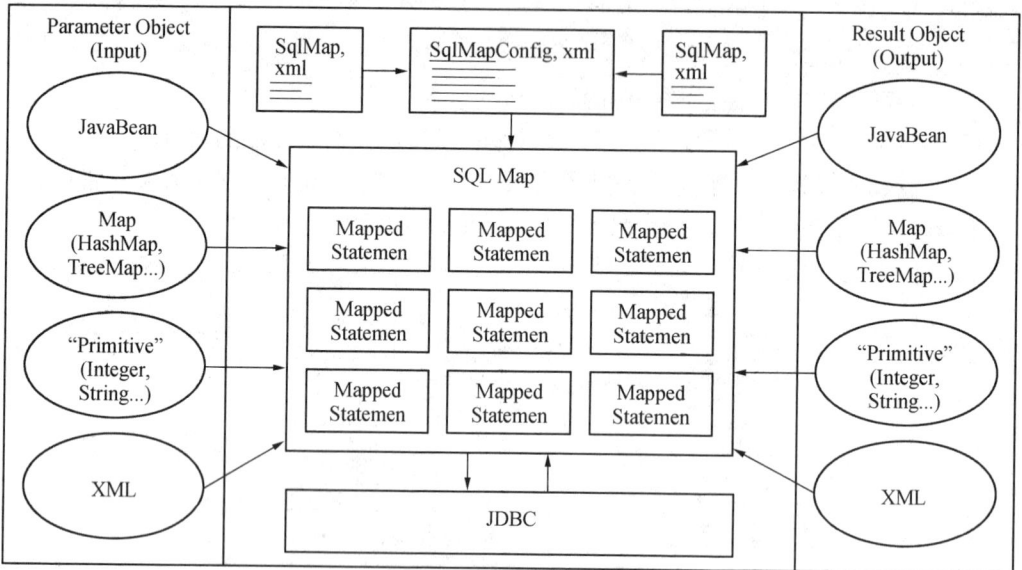

图 5-17　MyBatis 映射关系

5.9.3　MyBatis 基本要素

（1）configuration. xml 全局配置文件

（2）mapper. xml 核心映射文件

（3）SqlSession 接口

1. configuration. xml 简介

该文件是系统的核心配置文件,包含数据源和事务管理器等设置和属性信息,XML 文档结构如下:

```
configuration 配置;
properties 可以配置在 Java 属性配置文件中;
settings 修改 MyBatis 在运行时的行为方式;
typeAliases 为 Java 类型命名一个短的名字;
typeHandlers 类型处理器;
objectFactory 对象工厂;
plugins 插件;
environments 环境;
environment 环境变量;
transactionManager 事务管理器;
dataSource 数据源;
mappers 映射器;
```

2. 配置环境

```
<configuration>
    <environments default = "development">
        <environment id = "development">
            <transactionManager type = "JDBC"/>
            <dataSource type = "POOLED">
            <property name = "driver" value = " ${driver}"/>
            <property name = "url" value = " ${url}"/>
            <property name = "username" value = " ${username}"/>
            <property name = "password" value = " ${password}"/>
            </dataSource>
        </environment>
        <environment id = "development2">
            … …
        </environment>
    </environments>
</configuration>
```

3. 基础配置文件—事务管理

MyBatis 有两种事务管理类型:

(1) JDBC—这个类型直接全部使用 JDBC 的提交和回滚功能,它依靠使用连接的数据源来管理事务的作用域。

(2) MANAGED—这个类型什么不做,它从不提交、回滚和关闭连接。而是让窗口来管理事务的全部生命周期。(比如说 Spring 或者 Java EE 服务器)

数据源类型有三种：UNPOOLED，POOLED，JNDI。

（1）UNPOOLED—这个数据源实现只是在每次请求的时候简单的打开和关闭一个连接。虽然这有点慢，但作为一些不需要性能和立即响应的简单应用来说，不失为一种好选择。

（2）POOLED—这个数据源缓存 JDBC 连接对象用于避免每次都要连接和生成连接实例而需要的验证时间。对于并发 Web 应用，这种方式非常流行因为它有最快的响应时间。

（3）JNDI—这个数据源实现是为了准备和 Spring 或应用服务一起使用，可以在外部也可以在内部配置这个数据源，然后在 JNDI 上下文中引用它。这个数据源配置只需要两项属性：initial_context—这个属性用来在初始上下文中寻找环境，该属性的值与调用的容器相关；data_source—这是属性引用数据源实例位置的上下文的路径。MyBatis 使用 JNDI 类型调用在 Tomcat 容器中配置的数据源的代码如下：

```
<dataSource type = "JNDI">
    <property name = "initial_context" value = "java:comp /env" />
    <property name = "data_source" value = "jdbc /name" />
</dataSource>
```

其中，"jdbc/name"是在 Tomcat 配置文件 context.xml 中配置的数据源名称。

4. 基础配置文件—SQL 映射文件

SQL 映射文件代码如下：

（1）使用相对路径

```
<mappers>
    <mapper resource = "org /mybatis /builder /UserMapper.xml"/>
    <mapper resource = "org /mybatis /builder /AuthorMapper.xml"/>
    <mapper resource = "org /mybatis /builder /BlogMapper.xml"/>
    <mapper resource = "org /mybatis /builder /PostMapper.xml"/>
</mappers>
```

（2）使用全路径

```
<mappers>
    <mapper url = "file: // /var /sqlmaps /AuthorMapper.xml"/>
    <mapper url = "file: // /var /sqlmaps /BlogMapper.xml"/>
    <mapper url = "file: // /var /sqlmaps /PostMapper.xml"/>
</mappers>
```

5. SqlSession 接口

（1）SqlSession 的获取方式：

```
Reader reader = Resources.getResourceAsReader("configuration.xml");  SqlSessionFactory sqlSessionFactory =  new SqlSessionFactoryBuilder().build(reader);
SqlSession sqlSession = sqlSessionFactory.openSession();
```

（2）sqlSession 的使用：

调用 insert，update，selectList，selectOne，delete 等方法执行增删改查等操作。

5.9.4　应用示例

想要详细了解 MyBatis 推荐看一下官方的中文文档,是个很不错的文档,文档对 MyBatis 介绍得很详细,在文本中不对 MyBatis 做很详细的介绍,只做个简单例子。

1. 准备工作

准备工作很简单就两个 jar 包,一个是 MyBatis 的 jar 包,另一个是数据库的驱动,本文采用的是 Mysql 数据库,具体 jar 包如图 5-18 所示。

图 5-18　MyBatis 包文件

2. 数据库

使用的 test 库的 user 表,建表脚本如下:

```
drop table if exist user;
create table user(
    id int,
    name varchar(50)
);
insert user values(1,'张三');
insert user values(2,'李四');
insert user values(3,'王五');
```

3. 项目结构

结构如图 5-19 所示。

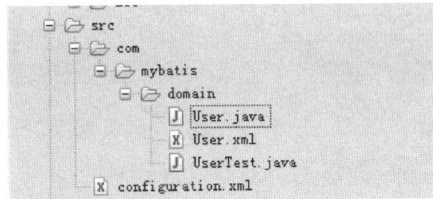

图 5-19　项目结构

4. 具体代码

User 类:

```
package com.mybatis.domain;
import java.io.Serializable;
public class User implements Serializable{

    private static final long serialVersionUID = 1L;
    private int id;
    private String name;
```

```java
    public User() {
    }
    public User(int id, String name) {
        this.id = id;
        this.name = name;
    }

    public int getId() {
        return id;
    }

    public void setId(int id) {
        this.id = id;
    }

    public String getName() {
        return name;
    }

    public void setName(String name) {
        this.name = name;
    }

    public String toString() {
        return "User [id:" + this.id + ";name:" + this.name + "]";
    }
}
```

5. 配置文件 configuration. xml

```xml
<?xml version = "1. 0" encoding = "UTF - 8" ?>
<!DOCTYPE configuration PUBLIC " - //mybatis. org//DTD Config 3. 0//EN"
"http://mybatis. org /dtd /mybatis-3-config. dtd">
<configuration>
    <environments default = "development">
        <environment id = "development">
            <transactionManager type = "JDBC" />
            <dataSource type = "POOLED">
                <property name = "driver" value = "com. mysql. jdbc. Driver" />
                <property name = "url"
```

```xml
                value = "jdbc:mysql: // localhost:3306 /test?useUnicode = true&amp;characterE-
ncoding = UTF - 8" />
                <property name = "username" value = "root" />
                <property name = "password" value = "root" />
            </dataSource>
        </environment>
    </environments>
    <mappers>
        <mapper resource = "com /mybatis /domain /User. xml" />
    </mappers>
</configuration>
```

6. Sql 映射文件

```xml
<?xml version = "1. 0" encoding = "UTF - 8"?>
<!DOCTYPE mapper PUBLIC " - //mybatis. org//DTD Mapper 3. 0//EN"
"http: // mybatis. org /dtd /mybatis-3-mapper. dtd">
<mapper namespace = "User">
    <cache />
    <select id = "selectUser" parameterType = "int"
        resultType = "com. mybatis. domain. User">
        select * from user where id = #{id}
    </select>
</mapper>
```

7. 测试类

```java
package com. mybatis. domain;
import java. io. IOException;
import java. io. Reader;
import org. apache. ibatis. io. Resources;
import org. apache. ibatis. session. SqlSession;
import org. apache. ibatis. session. SqlSessionFactory;
import org. apache. ibatis. session. SqlSessionFactoryBuilder;

public class UserTest {
    /* *
     * @param args
     * @throws IOException
     * /
    public static void main(String[] args) throws IOException {
        // TODO Auto-generated method stub
```

```
    String resource = "configuration.xml";
    Reader reader = Resources.getResourceAsReader(resource);
    SqlSessionFactory ssf = new SqlSessionFactoryBuilder().build(reader);
    SqlSession session = ssf.openSession();
    try {
        User user = (User) session.selectOne("selectUser","1");
        System.out.println(user);
    } catch (RuntimeException e) {
        // TODO Auto-generated catch block
        e.printStackTrace();
    }finally{
        session.close();
    }
  }
}
```

UserTest.clsss 执行效果如图 5 - 20 所示。

图 5 - 20 UserTest.clsss 执行效果

巩固练习

1. 描述 Hibernate 和 MyBatis 的工作机制。

2. 了解 Hibernate 和 MyBatis 两者区别。

3. 进一步上机实践,完善书上例子。

【微信扫码】
习题解答 & 相关资源

第6章 Spring 应用

学习目标

1. 了解 Spring 框架运行机制
2. 理解依赖注入的思想
3. 使用 Spring 管理项目

通过前面的学习,读者已经知道了框架对于开发 Java EE 应用的重要性,但每个框架各有其专长,如 Struts 2 框架主要用于 Web 层与业务层之间的调度控制,Hibernate 框架用于模型层与数据库直接的映射。本章即将学习的 Spring 框架是一个管理项目对象的容器(或框架),使用对象依赖注入方式来降低所集成的组件直接的耦合度,可以有效地组织之前学习的所有框架。

6.1 Spring 概述

Spring 框架为基于 java 的企业应用程序提供了一个全面的编程和配置模型,它可以应用于任何类型的部署平台。Spring 是一个从实际开发中提炼出的框架,它完成了大量开发中的通用步骤。通过应用 Spring 框架,开发团队只需关注应用程序的业务逻辑,而各个应用层之间的通信管理交由框架处理。

Spring 框架的主要优势之一是分层架构,分层架构允许选择使用任一个组件,同时为 Java EE 应用程序开发提供集成的框架。Spring 框架的分层架构是由 7 个定义良好的模块组成。Spring 模块构建在核心容器之上,核心容器定义了创建、配置和管理 Bean 的方式,如图 6-1 所示。

组成 Spring 框架的每个模块(或组件)都可以单独存在,或者与其他一个或多个模块联合实现。各模块的功能如下:

① 核心容器。提供 Spring 框架的基本功能,其主要组件是 BeanFactory,是工厂模式的实现。

② Spring 上下文。向 Spring 框架提供上下文信息,包括企业服务,如 JNDI、EJB、电子邮件、国际化、校验和调度等。

③ Spring AOP。通过配置管理特性,可以很容易地使 Spring 框架管理的任何对象支持 AOP。Spring AOP 模块直接将面向方面编程的功能集成到 Spring 框架中。它为基于 Spring 应用程序的对象提供了事务管理服务。

④ Spring DAO。JDBC DAO 抽象层提供了有用的异常层次结构,用来管理异常处理和不同数据库供应商抛出的错误消息。异常层次结构简化了错误处理,并且极大地降低了

| Spring AOM
Source-level
Metadata
AOP
infrastructure | Spring ORM
Hibernate support
IBats support
JDO support | Spring Web
WebApplication
Context
Mutipart resolver
Web utlities | Spring Web
Mvc
Web Mvc
Framework
Web Views
JSP/Velocity
PDF/Export |

Spring DAO
Transaction
infrastructure
JOBC support
DAO support

Spring context
Application context
UI support
Validation
JNDL EJB support

Spring Core
Supporting utlities
Bean container

图 6 - 1　Spring 框架

需要编写的异常代码数量(如打开和关闭连接)。

⑤ Spring ORM。Spring 框架插入了若干 ORM 框架,提供 ORM 的对象关系工具,其中包括 JDO、Hibernate 和 iBatis SQL Map,并且都遵从 Spring 的通用事务和 DAO 异常层次结构。

⑥ Spring Web 模块。为基于 Web 的应用程序提供上下文。它建立在应用程序上下文模块之上,简化了处理多份请求及将请求参数绑定到域对象的工作。Spring 框架支持与 Jakarta Struts 的集成。

⑦ Spring MVC 框架,是一个全功能构建 Web 应用程序的 MVC 实现。通过策略接口实现高度可配置,MVC 容纳了大量视图技术,其中包括 JSP、Velocity、Tiles、iText 和 POI。

Spring 的核心机制是依赖注入,也称为控制反转。在介绍它之前,首先介绍一种设计模式——简单工厂模式。

6.2　简单工厂模式

工厂模式是通过专门定义一个类来负责创建其他类的实例,被创建的实例通常都具有共同的父类。如果简单工厂模式所涉及的具体产品之间没有共同的逻辑,那么我们就可以使用接口来扮演抽象产品的角色。通过该模式一定程度上提高了程序的复用性,降低了代码的耦合度。

下面举例说明工厂模式的应用。

创建一个 Java Project,命名为"FactoryExample"。在 src 文件夹下建立包 face,在该包下建立接口 Animal,代码如下:

```
package face;

public interface Animal
{
    void eat();
    void walk();
}
```

在 src 文件夹下建立包 iface，在该包下建立 Cat 类和 Dog 类，分别实现 Animal 接口。
Cat.java 代码如下：

```
package iface;

import face.Animal;
public class Cat implements Animal{
    public void eat()
{
        System.out.println("猫喜欢吃鱼!");
    }
    public void walk() {
        System.out.println("猫爬树敏捷!");
    }
}
```

创建 Dog.java 文件，代码如下：

```
package iface;

import face.Animal;
public class Dog implements Animal
{
    public void eat() {
        System.out.println("狗喜欢啃骨头!");
    }
    public void walk() {
        System.out.println("狗经常跑动!");
    }
}
```

在 src 文件夹下建包 factory，在该包内建立工厂类 Factory，代码如下：

```
package Factory;
```

```
import iface.Cat;
import iface.Dog;
import face.Animal;
public class MyFactory {
    public Animal getAnimal(String name){
        if(name.equals("Cat")){
            return new Cat();
        }else if(name.equals("Dog")){
            return new Dog();
        }else{
            throw new IllegalArgumentException("参数不正确");
        }
    }
}
```

在 src 文件夹下建包 test,在该包内建立测试类 Test,代码如下:

```
package test;

import face.Animal;
import Factory.MyFactoy;
public class test
{
    public static void main(String[] args)
    {
        Animal animal = null;
        animal = new MyFactoy().getAnimal("Cat");
        animal.eat();
        animal.walk();
        animal = new MyFactoy().getAnimal("Dog");
        animal.eat();
        animal.walk();
    }
}
```

该程序为 Java 应用程序,直接运行可看出结果,如图 6 - 2 所示。

这种将多个类对象交给类工厂来生成的软件设计方式,称为简单工厂模式。通过这种模式,若项目需要增加新的对象并被调用,只需在工厂类中增加新的类实例就可以在其他类中调用。

图 6-2 工厂模式运行结果

6.3 依赖注入

在上面简单工厂模式中,调用程序无需直接创建所调用类的实例,都是通过工厂类实现实例化,从而降低了程序间的耦合度。而 Spring 框架则提供了更好地办法,开发人员可以直接应用 Spring 提供的依赖注入方式,即被调用者的实例工作由 Spring 容器完成,让bean 与 bean 之间以配置文件组织在一起,对象间的具体实现互相透明,即降低了程序间耦合度,又减轻了开发者的负担。

在传统的程序设计中,当一个类需要另外一个类协助的时候,通常由调用者来创建被调用者的实例。Spring 将 Java 应用中各实例之间的调用关系称为依赖(dependency),如果实例 A 调用实例 B 的方法,则称 A 依赖 B。但是在 Spring 中创建被调用者将不再由调用者完成而是由 Spring 容器完成,这种方式叫控制反转。创建被调用对象由 Spring 来完成,在 spring 容器实例化对象的时候主动的将被调用者(或者说它的依赖对象)注入给调用对象,因此又叫依赖注入(Dependency Injection,DI)。

下面用具体实例来介绍依赖注入的使用方法。

1. 下载 Spring 框架

框架下载地址:http://repo.spring.io/libs-release-local/org/springframework/spring/

图 6-3　框架下载地址

2. 创建配置文件 applicationContext. xml

修改后,代码如下:

```
<?xml version = "1.0" encoding = "UTF-8"?>
<beans
    xmlns = "http://www.springframework.org/schema/beans"
    xmlns:xsi = "http://www.w3.org/2001/XMLSchema-instance"
    xmlns:p = "http://www.springframework.org/schema/p"
    xsi:schemaLocation = "http://www.springframework.org/schema/beans http://
www.springframework.org/schema/beans/spring-beans-3.0.xsd">
    <bean id = "Cat" class = "iface.Cat"></bean>
    <bean id = "Dog" class = "iface.Dog"></bean>
</beans>
```

3. 修改测试类

配置完成后,就可以修改 Test 类,代码如下:

```
package test;
import org.springframework.context.ApplicationContext;
import org.springframework.context.support.FileSystemXmlApplicationContext;
import face.Animal;
import Factory.MyFactoy;
public class SpingTest {
    public static void main(String[] args) {
```

• 194 •

```
        /*
        Animal animal = null;
        animal = new Factory().getAnimal("Cat");
        animal.eat();
        animal.walk();
        animal = new Factory().getAnimal("Dog");
        animal.eat();
        animal.walk();
* /
        ApplicationContext ctx = new FileSystemXmlApplicationContext("src/ap-
plicationContext.xml");
        Animal animal = null;
        animal = (Animal) ctx.getBean("Cat");
        animal.eat();
        animal.walk();
        animal = (Animal) ctx.getBean("Dog");
        animal.eat();
        animal.walk();
    }
}
```

4. 运行

运行该测试类,结果如图 6-4 所示。

图 6-4　Spring 依赖注入运行结果

对象 ctx 就相当于原来的 Factory 工厂,原来的 Factory 可以删除掉了。再回头看原来的 applicationContext. xml 文件配置:

```
<bean id = "cat" class = "iface.Cat"></bean>
<bean id = "dog" class = "iface.Dog"></bean>
```

id 是 ctx. getBean 的参数值,一个字符串。class 是一个类(包名+类名)。然后在 Test 类里获得 Chinese 对象及 American 对象:

```
animal = (Animal) ctx.getBean("cat");
animal = (Animal) ctx.getBean("dog");
```

6.4 Spring 注入方式

以上通过一个简单的例子说明了 Spring 的核心机制——依赖注入。测试程序中需要调用的 Cat 和 Dog 两个对象是由容器实例化的,这样更利于统一管理应用对象的生命周期和配置,如对象的创建、销毁、回调等。同时降低了类之间的耦合度,依赖注入通常有如下两种:设值注入和构造注入。

6.4.1 设值注入

设值注入是通过 setter 方法注入被调用者的实例。这种方法简单、直观,很容易理解,因而被大量使用,下面举例说明。

创建一个 Java Project,命名为"FactoryExample1"。在项目的 src 文件夹下建立下面的源文件。

Animal 的接口,Animal. java,代码如下:

```
public interface Animal {
    void sport();
}
```

Behaviour 接口,Behaviour. java,代码如下:

```
public interface Behaviour {
    public String movement();
}
```

Animal 实现类 Cat. java,代码如下:

```
public class Cat implements Animal {
    private Behaviour behaviour;
    public void sport() {
        System. out. println(behaviour.movement());
    }
}
```

```
    public void setBehaviour(Behaviour behaviour) {
        this.behaviour = behaviour;
    }
}
```

Behaviour 实现类 Climb. java,代码如下:

```
public class Climb implements Behaviour{
    public String movement() {
        return "猫也会爬树!";
    }
}
```

在这个例子中,把动物的行为单独设计为一个接口,动物与行为各自的实例之间就存在着调用与被调用的关系,这样一个调用关系可以通过 Spring 的注入来实现,从而降低了类与类之间的耦合度。

通过 Spring 的配置文件来完成其对象的注入,代码如下:

```
<?xml version = "1.0" encoding = "UTF - 8"?>
<beans
    xmlns = "http://www.springframework.org/schema/beans"
    xmlns:xsi = "http://www.w3.org/2001/XMLSchema-instance"
    xsi:schemaLocation = "http://www.springframework.org/schema/beans
    http://www.springframework.org/schema/beans/spring-beans-2.0.xsd">
    <!-- 定义第一个 Bean,注入 Cat 类对象 -->
    <bean id = "cat" class = "Cat">
        <!-- property 元素用来指定需要容器注入的属性,lan 属性需要容器注入
            ref 就指向 lan 注入的 id -->
        <property name = "behaviour" ref = "climb "></property>
    </bean>
    <!-- 注入 Climb -->
    <bean id = " climb " class = " Climb "></bean>
</beans>
```

测试代码如下:

```
import org.springframework.context.ApplicationContext;
import org.springframework.context.support.FileSystemXmlApplicationContext;
public class Test {
    public static void main(String[] args) {
        ApplicationContext ctx = new FileSystemXmlApplicationContext("src/ap-
plicationContext.xml");
        Animal animal = null;
```

```
        animal = (Animal) ctx.getBean("cat");
        animal.sport();
    }
}
```

程序执行结果如图 6 - 5 所示。

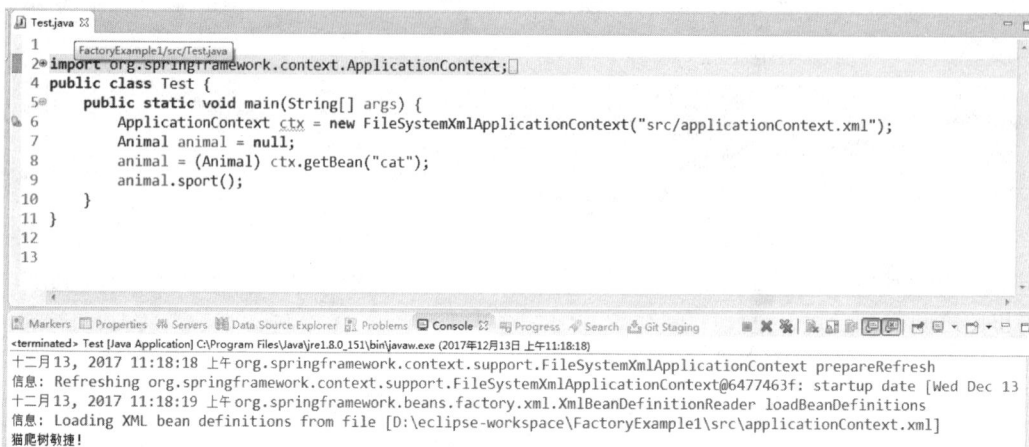

```
 1
 2⊖ import org.springframework.context.ApplicationContext;
 4  public class Test {
 5⊖     public static void main(String[] args) {
 6          ApplicationContext ctx = new FileSystemXmlApplicationContext("src/applicationContext.xml");
 7          Animal animal = null;
 8          animal = (Animal) ctx.getBean("cat");
 9          animal.sport();
10     }
11  }
12
13
```

```
<terminated> Test [Java Application] C:\Program Files\Java\jre1.8.0_151\bin\javaw.exe (2017年12月13日 上午11:18:18)
十二月 13, 2017 11:18:18 上午 org.springframework.context.support.FileSystemXmlApplicationContext prepareRefresh
信息: Refreshing org.springframework.context.support.FileSystemXmlApplicationContext@6477463f: startup date [Wed Dec 13
十二月 13, 2017 11:18:19 上午 org.springframework.beans.factory.xml.XmlBeanDefinitionReader loadBeanDefinitions
信息: Loading XML bean definitions from file [D:\eclipse-workspace\FactoryExample1\src\applicationContext.xml]
猫爬树敏捷!
```

图 6 - 5　Spring 设置注入运行结果

6.4.2　构造注入

只要对前面的 Cat 类进行简单的修改：

```
public class Cat implements Animal{
    private Behaviour behaviour;
    public Cat(){
    };
    // 构造注入所需要的带参数的构造函数
    public Cat(Behaviour behaviour){
        this.behaviour = behaviour;
    }
    public void sport() {
        System.out.println(behaviour.movement());}
}
```

配置文件也需要做简单的修改：

```
<?xml version = "1.0" encoding = "UTF - 8"?>
<beans
    xmlns = "http://www.springframework.org/schema/beans"
    xmlns:xsi = "http://www.w3.org/2001/XMLSchema-instance"
```

```
xsi:schemaLocation = "http://www.springframework.org/schema/beans
http://www.springframework.org/schema/beans/spring-beans-3.0.xsd">
<!-- 定义第一个 Bean,注入 Cat 类对象 -->
<bean id = "cat" class = "Cat">
<!-- 使用构造注入,为 Cat 实例注入 Behaviour 实例 -->
    <constructor-arg ref = "climb"></constructor-arg>
</bean>
<!-- 注入 Climb -->
<bean id = " climb " class = " Climb "></bean>
</beans>
```

在实际开发中,这两种注入方式都是非常常用的。这两种注入的方式没有绝对的好坏,只是适应场景有所不同。建议采用设值注入为主,构造注入为辅的注入策略。对于依赖关系无需变化的注入,尽量采用构造注入。而其他的依赖关系的注入,则考虑采用设值注入。

6.5　Spring 核心接口及基本配置

Spring 有两个核心接口:BeanFactory(Bean 工厂)和 ApplicationContext(应用上下文),其中 ApplicationContext 是 BeanFactory 的子接口。它们都可以代表 Spring 容器。Bean 是 Spring 管理的基本单元,Spring 容器是生成 Bean 实例的工厂,并管理容器中的Bean。在基于 Spring 的 Java EE 应用中,所有的组件都被当成 Bean 处理,包括数据源、Hibernate的 SessionFactory、事务管理器等。

6.5.1　Spring 核心接口

1. BeanFactory

Spring 容器最基本的接口就是 BeanFactory。在 Spring 中有几种 BeanFactory 的实现,其中最常使用的是 org.springframework.bean.factory.xml.XmlBeanFactory。它根据 XML 文件中的定义装载 Bean。

要创建 XmlBeanFactory,需要传递一个 java.io.InputStream 对象给构造函数。Input-Stream 对象提供 XML 文件给工厂。例如,下面的代码片段使用一个 java.io.FileInput-Stream 对象把 Bean XML 定义文件给 XmlBeanFactory:

```
BeanFactory factory = new XmlBeanFactory(new FileInputStream(" applicationCon-
text.xml"));
```

这行简单的代码告诉 Bean Factory 从 XML 文件中读取 Bean 的定义信息,然而现在Bean Factory 没有实例化 Bean,Bean 被延迟载入到 Bean Factory 中,就是说 Bean Factory会立即把 Bean 定义信息载入进来,但是 Bean 只有在需要的时候才会被实例化。

为了从 BeanFactory 得到 Bean,只要简单地调用 getBean()方法,把需要的 Bean 的名字当作参数传递进去就行了。由于得到的是 Object 类型,所以要进行强制类型转化。

```
MyBean myBean = (MyBean)factory.getBean("myBean");
```

2. ApplicationContext

两者都是载入 Bean 定义信息，装配 Bean，根据需要分发 Bean。但是 ApplicationContext 提供了一些附加功能：

① 应用上下文提供了文本信息解析工具，包括对国际化的支持。

② 应用上下文提供了载入文本资源的通用方法，如载入图片。

③ 应用上下文可以向注册为监听器的 Bean 发送事件。

由于它提供的附加功能，应用系统选择 ApplicationContext 作为 Spring 容器更方便些。

在 ApplicationContext 的诸多实现中，有三个常用的实现：

① ClassPathXmlApplicationContext：从类路径中的 XML 文件载入上下文定义信息，把上下文定义文件当成类路径资源。

② FileSystemXmlApplicationContext：从文件系统中的 XML 文件载入上下文定义信息。

③ XmlWebApplicationContext：从 Web 系统中的 XML 文件载入上下文定义信息。

例如：

```
ApplicationContext context = new FileSystemXmlApplicationContext ("c:/foo.xml");
ApplicationContext context = new ClassPathApplicationContext ("foo.xml");
ApplicationContext context =
    WebApplicationContextUtils.getWebApplicationContext (request.getSession().
getServletContext ());
```

FileSystemXmlApplicationContext 和 ClassPathXmlApplicationContext 的区别是：FileSystemXmlApplicationContext 只能在指定的路径中寻找 foo. xml 文件，而 ClassPathXml ApplicationContext 可以在整个类路径中寻找 foo. xml。

6.5.2 Spring 基本配置

理论上，Bean 装配可以从任何配置资源获得。但实际上，XML 是最常见的 Spring 应用系统配置源。

如下的 XML 文件展示了一个简单的 Spring 上下文定义文件：

```
<?xml version = "1.0" encoding = "UTF-8"?>
...
<beans ...>                                            // 根元素
    <bean id = "cat" class = "iface.Cat"></bean>        // Bean 实例
    <bean id = "dog" class = "iface.Dog"></bean>        // Bean 实例
</beans>
```

在 XML 文件定义 Bean，上下文定义文件的根元素<beans>。<beans>有多个<bean>子元素。每个<bean>元素定义了一个 Bean(任何一个 Java 对象)如何被装配到 Spring 容器中。

6.5.3 Spring 容器中的 Bean

向 Spring 容器中添加一个 Bean 只需要向 XML 文件中添加一个<bean>元素。如下面的语句：

```
<bean id = "cat" class = " iface.Cat "/>
```

当通过 Spring 容器创建一个 Bean 实例时,不仅可以完成 Bean 实例的实例化,还可以为 Bean 指定特定的作用域。

① 原型模式与单实例模式:Spring 中的 Bean 默认情况下是单实例模式。在容器分配 Bean 的时候,它总是返回同一个实例。单实例模式的优点主要是省去每次创建对象的性能开销及节约内存,当然,在某些情况下也会出现线程安全问题,这时就需使用其他模式了,如原型模式。

<bean>的 singleton 属性告诉 ApplicationContext 这个 Bean 是不是单实例 Bean,默认是 true,但是把它设置为 false 的话,就把这个 Bean 定义成了原型 Bean。

```
< bean id = "cat" class = "iface.Cat" singleton = "false"/>        //原型模式 Bean
```

② request 或 session:对于每次 HTTP 请求或 HttpSession,使用 request 或 session 定义的 Bean 都将产生一个新实例,即每次 HTTP 请求或 HttpSession 将会产生不同的 Bean 实例。

③ global session:每个全局的 HttpSession 对应一个 Bean 实例。典型情况下,仅在使用 portlet context 的时候有效。

当一个 Bean 实例化的时候,有时需要做一些初始化的工作,然后才能使用。因此,Spring 可以在创建和拆卸 Bean 的时候调用 Bean 的两个生命周期方法。

在 Bean 的定义中设置自己的 init-method,这个方法在 Bean 被实例化时马上被调用。同样,也可以设置自己的 destroy-method,这个方法在 Bean 从容器中删除之前调用。

一个典型的例子是连接池 Bean,具体代码如下：

```
public class MyConnectionPool{
    ...
    public void initalize(){
        //initialize connection pool
    }
    public void close(){
        //release connection
    }
    ...
}
```

Bean 的定义如下：

```
<bean id = "connectionPool" class = "com.spring.MyConnectionPool"
    init-method = "initialize"              //当 Bean 被载入容器时调用 initialize 方法
```

```
destroy-method = "close">                    //当 Bean 从容器中删除时调用 close 方法
</bean>
```

6.6 Spring 的 AOP

6.6.1 AOP 简介

AOP(Aspect Orient Programming),也就是面向切面编程,作为面向对象编程的一种补充。AOP 与 OOP 互为补充,可以这样理解,面向对象编程是从静态角度考虑程序结构,面向切面编程是从动态角度考虑程序运行过程。AOP 专门用于处理系统中分布于各个模块中的交叉关注点的问题,在 Java EE 应用中,常常通过 AOP 来处理一些具有横切性质的系统级服务,如事务管理、安全检查、缓存、对象池管理等。AOP(aspect-oriented programming)的核心就是动态代理,接下来将使用用户登录程序案例来理解代理机制。

6.6.2 代理机制

程序中经常需要在其中写入与本功能不是直接相关但很有必要的代码,如日志记录,信息发送,安全和事务支持等,以下代码是一个用户注册类的代码:

```java
package com.sitinspring.login;
/**
 * 用于用户登录类
 */
public class LoginService{
    public void register(String name, String pswd, String email){
        Logger.log("用户将登录"+ name);
        System.out.println("存储用户信息");
        MailSender.send(email, "欢迎"+ name + "用户登录本系统");
    }

    public static void main(String[] args){
        // 调用示例
        LoginService service = new LoginService();
        service.register("sitinspring","123456","wang@njxzc.edu");
    }
}
```

Logger.java 代码如下:

```java
package com.sitinspring.newlogin;
import java.text.Format;
import java.text.SimpleDateFormat;
import java.util.Date;
```

```
/* *
 * 模拟记录器
 */
public class Logger{
    public static void log(String str){
        System.out.println(getCurrTime()+"INFO:"+ str);
    }
    /* *
     * 取得当前时间
     * @return
     */
    private static String getCurrTime() {
        Date date = new Date();
        Format formatter = new SimpleDateFormat("HH 时 mm 分 ss 秒");
        return formatter.format(date);
    }
}
```

MailSender.java 代码如下：

```
package com.sitinspring.newlogin;
/* *
 * 模拟邮件发送器
 */
public class MailSender{
    public static void send(String email,String concept){
        System.out.println("向"+ email +"发送邮件内容为:"+ concept +"的邮件");
    }
}
```

从 LoginService.java 文件代码可以看出，日志和信息发送等操作并不属于 LoginService 逻辑，这增加了程序的耦合度，并且程序逻辑不清。如果一旦不需要日志或信息发送等服务，将要修改所有与日志记录和信息发送动作有关的代码，给程序维护带来不便。

这种情况可以使用代理（Proxy）机制来解决，代理可以提供对另一个对象的访问，同时隐藏实际对象的具体细节。代理一般会实现它所表示的实际对象的接口。代理可以访问实际对象，但是延迟实现实际对象的部分功能，实际对象实现系统的实际功能，代理对象对客户隐藏了实际对象。客户不知道它是与代理打交道还是与实际对象打交道。

如果我们使用代理模式，把枝节性代码放入代理类中，这样主干性代码保持在真实的类中，这样就能有效降低耦合度。这种通过在耦合紧密的类之间引入一个中间类是降低类之间的耦合度的常见做法。

具体来说就是把枝节性代码放入代理类中，它们由代理类负责调用，而真实类只负责主干的核心业务，它也由代理类调用，它并不知道枝节性代码的存在和作用。对外来说，代理类隐藏在接口之后,客户并不清楚也不需要清楚具体的调用过程。通过这样的处理,主干与枝节之间的交叉解开了,外界的调用也没有复杂化,这就有效降低系统各部分间的耦合度。代理有两种代理方式:静态代理(static proxy)和动态代理(dynamic proxy)。

1. 静态代理

在静态代理的实现中,代理类与被代理的类必须实现同一个接口。在代理类中可以实现日志记录或信息发送等相关服务,并在需要的时候再呼叫被代理类。这样被代理类就可以仅仅保留业务相关的职责了。下面就来了解一下静态代理的方法实现代码。

首先定义有关 IService 接口,IService. java 代码如下:

```java
package com. sitinspring. newlogin;
/* *
 * Service 接口
 * /
public interface IService {
    public void login(String name, String pswd, String email);
}
```

然后让实现业务逻辑的 LoginService 类实现 IService 接口,LoginService. java 代码如下:

```java
package com. sitinspring. newlogin;
/* *
 * 用于用户登录类
 * /
public class LoginService implements IService{
    public void register(String name, String pswd, String email){
        // 真正需要由本函数担负的出理
        System. out. println("存储用户信息");
    }
}
```

可以看到,在 LoginService 类中没有任何日志或信息发送的代码插入其中,日志和信息发送服务的实现将被放到代理类中,代理类同样要实现 IHello 接口。

LoginProxy. java 代码如下:

```java
package com. sitinspring. newlogin;
import com. sitinspring. login. Logger;
import com. sitinspring. login. MailSender;
public class LoginProxy implements IService{
    private IService serviceObject;
    public LoginProxy(IService serviceObject){
        this. serviceObject = serviceObject;
    }
    @Override
```

```
public void login(String name, String pswd, String email) {
    Logger.log("用户将登录"+ name);
    serviceObject.login(name, pswd, email);;
    MailSender.send(email, "欢迎"+ name +"用户登录本系统");
}
}
```

在 LoginProxy 类的 login()方法中,真正实现业务逻辑前后安排记录服务,可以实际撰写一个测试程序来看看如何使用代理类。

ProxyDemo.java 代码如下:

```
package com.sitinspring.newlogin;
public class ProxyDemo {
    public static void main(String[] args) {
        // TODO Auto-generated method stub
        IService proxy = new LoginProxy(new LoginService());
        proxy.login("njxzc","123456", "wang@njxzc.edu");
    }
}
```

程序运行结果如图 6-6 所示。

图 6-6　ProxyDemo.java 运行结果

2. 动态代理

使用动态代理可以使得一个处理者(Handler)为各个类服务。要实现动态代理,同样需要定义所要代理的接口。

首先定义有关 IService 接口,IService.java 代码如下:

```java
package com.sitinspring.newlogin;
/* *
 * Service 接口
 * /
public interface IService {
    public void login(String name,String pswd,String email);
}
```

然后让实现业务逻辑的 LoginService 类实现 IService 接口,LoginService.java 代码如下:

```java
package com.sitinspring.newlogin;
/* *
 * 用于用户登录类
 * /
public class LoginService implements IService{
    public void register(String name,String pswd,String email){
        // 真正需要由本函数担负的处理
        System.out.println("存储用户信息");
    }
}
```

以上两个文件跟静态代理是一样的,但下面的代理类是不同的。

LoginServiceProxy.java 代码如下:

```java
package com.sitinspring.newlogin;

import java.lang.reflect.InvocationHandler;
import java.lang.reflect.InvocationTargetException;
import java.lang.reflect.Method;
import com.sitinspring.login.Logger;
import com.sitinspring.login.MailSender;
public class LoginServiceProxy implements InvocationHandler {
    // 代理对象
    Object obj;
    //构造函数,传入代理对象
    public LoginServiceProxy(Object o) {
```

```
            obj = o;
        }
    /* *
    * 调用被代理对象的将要被执行的方法,我们可以在调用之前进行日志记录,之后
执行邮件发送
    * /
    public Object invoke(Object proxy, Method m, Object[] args) throws Throwable {
        Object result = null;
        try {
            // 进行日志记录
            String name = (String)args[0];
            Logger. log(name+"用户将登录");
            // 调用 Object 的方法
            result = m.invoke(obj, args);
            // 执行邮件发送
            String email = (String)args[2];
            MailSender. send(email, "欢迎"+ name+"用户登录本系统");
        } catch (InvocationTargetException e) {
        } catch (Exception eBj) {
        } finally {
            // Do something after the method is called ...
        }
        return result;
    }
}
```

该代理类的内部属性为 Object 类,使用时通过该类的构造函数 LoginServiceProxy
(Object obj) 对其赋值;此外,在该类还实现了 invoke 方法,该方法中的 method. invoke
(obj,args) 其实就是调用被代理对象的将要被执行的方法。这种实现方式是通过反射实现
的,方法参数 obj 是实际的被代理对象,args 为执行被代理对象相应操作所需的参数。通过
动态代理类,我们可以在调用之前或者之后执行一些相关操作。代理类的实例需要特殊的
方式生成,LoginServiceFactory. java 代码如下:

```
package com. sitinspring. newlogin;
import java. lang. reflect. Proxy;
/* *
 * 工厂类,用于隐藏内部细节
 * /
public class LoginServiceFactory{
    public static IService genereteService(){
```

```
        return (IService)Proxy.newProxyInstance(
            IService.class.getClassLoader(),
            new Class[]{IService.class},
            new LoginServiceProxy(new LoginService()));
    }
}
```

Proxy 即为 java 中的动态代理类,其方法 Static Object newProxyInstance(ClassLoader loader, Class[] interfaces, InvocationHandler h):返回代理类的一个实例,其中 loader 是类加载器,interfaces 是被代理的真实类的接口,h 是具体的代理类实例。

动态代理是在运行时生成的类,在生成它时你必须提供一组接口给它,然后该类就宣称它实现了这些接口,可以把该类的实例当作这些接口中的任何一个实现类来用。这个动态代理类其实就是一个代理,它不会做作实质性的工作,而是在生成它的实例时你必须提供一个真实的类的实例,由它接管实际的工作。

最后写一个测试程序,main.java 代码如下:

```
package com.sitinspring.newlogin;
public class Main{
    public static void main(String[] args){
        // 调用示例
        IService service = LoginServiceFactory.genereteService();
        service.login("njxzc","123456","wang@njxzc.edu");
    }
}
```

main.java 程序运行结果与静态代理方法一致。

Proxy 即为 Java 中的动态代理类,其方法 Static Object newProxyInstance(ClassLoader loader, Class[] interfaces, InvocationHandler handler):返回代理类的一个实例,其中 loader 是类加载器,interfaces 是被代理的真实类的接口,handler 是具体的代理类实例。

使用代理类将将与业务逻辑无关的动作提取出来,设计为一个服务类,如同前面的范例 LoginServiceProxy,这样的类称为切面(Aspect)。AOP 将日志记录这类动作设计为通用,不介入特定业务类的一个职责清楚的 Aspect 类,这就是所谓的 Aspect-Oriented Programming。

6.7 Struts 2、Spring 和 Hibernate 应用案例

结合上一章 Hibernate 和 Struts 2 应用案例,仍然实现用户注册功能,使用 Spring 框架管理 Hibernate 框架和 Struts 2 框架,案例的文件组织结构如图 6-7 所示。

接着,需要在 web.xml 文件中增加 Sping 框架的相关配置,增加代码如下:

图 6-7 项目文件结构图

```
<listener>
    <listener-class>
        org.springframework.web.context.ContextLoaderListener
    </listener-class>
</listener>
```

因为需要使用 Spring 管理 Struts 2,还需在 struts.xml 文件中增加代码如下:

```
<constant name="struts.objectFactory" value="spring"></constant>
```

增加配置文件 applicationContext.xml,该文件主要内容如下:

```
<beans xmlns="http://www.springframework.org/schema/beans"
    xmlns:aop="http://www.springframework.org/schema/aop"
xmlns:context="http://www.springframework.org/schema/context"
    xmlns:p="http://www.springframework.org/schema/p"
xmlns:tx="http://www.springframework.org/schema/tx"
    xmlns:xsi="http://www.w3.org/2001/XMLSchema-instance"
    xsi:schemaLocation="
        http://www.springframework.org/schema/beans
http://www.springframework.org/schema/beans/spring-beans-4.0.xsd
        http://www.springframework.org/schema/context
http://www.springframework.org/schema/context/spring-context-4.0.xsd
        http://www.springframework.org/schema/aop
http://www.springframework.org/schema/aop/spring-aop-4.0.xsd
```

```xml
                    http://www.springframework.org/schema/tx
    http://www.springframework.org/schema/tx/spring-tx-4.0.xsd">
        <!-- 支持 aop 注解 -->
        <aop:aspectj-autoproxy />
        <context:property-placeholder location="classpath:/hibernate.properties" />

        <bean id="dataSource"
        class="org.springframework.jdbc.datasource.DriverManagerDataSource">
            <property name="driverClassName" value="${dataSource.driverClassName}" />
            <property name="url" value="${dataSource.url}" />
            <property name="username" value="${dataSource.username}" />
            <property name="password" value="${dataSource.password}" />
        </bean>
        <bean id="sessionFactory"
        class="org.springframework.orm.hibernate3.annotation.AnnotationSession-
FactoryBean">
            <property name="dataSource" ref="dataSource" />
            <property name="hibernateProperties">
                <props>
                    <prop
key="hibernate.dialect">${dataSource.dialect}</prop>
                    <prop key="hibernate.show_sql">true</prop>
                    <prop key="hibernate.hbm2ddl.auto">create</prop>
                </props>
            </property>
            <property name="packagesToScan">
                <list>
                    <value>beans</value><!-- 扫描实体类,也就是平时所说的
model -->
                </list>
            </property>
        </bean>
        <!-- 数据访问层 Dao 层对象 -->
        <bean id="userDao" class="daoimpl.UserDAOImpl">
            <property name="sessionFactory"
ref="sessionFactory"></property>
        </bean>
        <!-- 控制层对象
        <bean id="regAction" class="action.RegAction"    scope="prototype">
```

```
        <property name = "userDao" ref = "userDao"></property>
    </bean> -->
</beans>
```

增加配置文件 hibernate. properties,该文件主要内容如下:

```
dataSource. password = 654321
dataSource. username = root
dataSource. databaseName = testdb
dataSource. driverClassName = com. mysql. jdbc. Driver
dataSource. dialect = org. hibernate. dialect. MySQL5Dialect
dataSource. serverName = localhost:3306
dataSource. url = jdbc: mysql: // localhost: 3306 / testdb? useUnicode =
true&characterEncoding = UTF - 8
dataSource. properties = user = ${dataSource. username}; databaseName = ${data-
Source. databaseName}; serverName = ${dataSource. serverName}; password = ${data-
Source. password}
dataSource. hbm2ddl. auto = update
```

修改 User 类,通过注解关联数据表,主要代码如下:

```
import java. sql. Date;
import javax. persistence. Column;
import javax. persistence. Entity;
import javax. persistence. GeneratedValue;
import javax. persistence. Id;
import javax. persistence. Table;
@Entity
@Table(name = "users")
public class User {
    public User() {
        super();
        // TODO Auto-generated constructor stub
    }
    @Id
    @GeneratedValue
    private Integer id;
    @Column(name = "name")
    private String username;
    private String password;
    private Date birthday;
```

```
// get 和 set 方法省略
```

为了体现 Spring 的依赖注入特性,增加 UserDAO 接口文件,代码如下:

```
import java.util.List;
import beans.User;
public interface UserDAO {
    public boolean findUserByName(String username);
    public List<User> findUser();
    public boolean add(User user);
}
```

增加 UserDAOImpl 实现接口文件,由于通过 Spring 管理 Hibernate,主要修改代码如下:

```
import dao.UserDAO;
import java.util.List;
import org.hibernate.Query;
import org.hibernate.Session;
import org.hibernate.SessionFactory;
import org.hibernate.Transaction;
import beans.User;
public class UserDAOImpl implements UserDAO{
    private SessionFactory sessionFactory;    //Spring 管理 session
    //业务层对象在 Spring 配置文件里都注入了对象属性 sessionFactory
    //如果屏蔽下面的 get /set 方法,则启动 Tomcat 时报异常
    public SessionFactory getSessionFactory() {    //get
        return sessionFactory;
    }
    public void setSessionFactory(SessionFactory sessionFactory) {    //set
        this.sessionFactory = sessionFactory;
    }
    Session session = null;
    Transaction trans = null;
```

最后,由于本例使用了 Spring 的注解机制实现了实体类,因此,原来的两个配置文件不需要了,所以删除不需要的配置文件(User.hbm.xml、hibernate.cfg.xml)

巩固练习

1. 描述 Spring 依赖注入的工作机制
2. 进一步完善书中例子。

【微信扫码】
习题解答 & 相关资源

第7章 Struts 2、Mybatis 和 Spring 整合应用
——教务管理系统

学习目标

1. 了解并掌握 Struts 2、Mybatis 和 Spring(SSI)三种框架整合应用的配置。
2. 掌握项目开发流程。
3. 巩固所学框架知识。

该项目是我校师生与企业联合开发出一个学院教务管理系统,通过该项目的锻炼,使师生对项目开发过程、项目管理和最新开发框架有了充分了解。本章通过对以上整体项目的简化,拿出教务系统中教学培养方案的管理来作为实例构建 SSI 的实现过程。

7.1 项目简介

1. 系统主页面如图 7-1 所示

图 7-1 系统首页

2. 教务系统功能如下

1. 功能需求说明

1.1 院长功能模块

1.1.1 工作进度浏览及催办

1.1.2 审核发布

1.1.3 统计信息

1.1.4 密码管理

1.1.5 院长信箱

1.1.6 待办事项

1.2 教师功能模块

1.2.1 我的教学

1.2.1.1 教学任务

1.2.1.2 教学文档

1.2.1.3 修改申请

1.2.2 文档查询

1.2.3 个人管理

1.2.3.1 密码管理

1.2.3.2 个人信息

1.2.4 教师邮箱

1.2.5 待办事项

1.3 专业负责人功能模块

1.3.1 培养方案管理模块

1.3.2 课程组/组员管理模块

1.3.3 信息统计模块

1.3.4 个人信息管理模块

1.4 管理员功能模块

1.4.1 账号管理功能

1.4.2 文档的过程统计和报表功能

1.4.3 历史查询功能

1.4.4 消息提醒功能

1.4.5 截止日期设置功能

1.4.6 个人信息管理功能

1.4.7 个人信息管理功能

1.5 学生功能模块

1.6 教研室主任功能模块

1.6.1 过程控制

1.6.2 代办事务

1.6.3 信息统计模块

1.6.4 个人信息管理模块

3. 开发模式

该项目采用敏捷迭代的开发模式,迭代开发计划模版如图7-2所示。

模块 ▼	功能 ▼	开发人员 ▼	迭代	开发开始日期 ▼	开发结束日期 ▼	review责任人 ▼	Story状态 ▼	测试人员
	我的教学-教学任务	李朔	P1					
	我的教学-教学文档	李朔	P1					
	我的教学-修改申请	李朔	P1					
	个人信息	李朔	P1					
	培养方案管理	王小正	P1					
	个人信息管理模块	王小正	P1					
	账号管理功能	侯青	P1					
	历史查询功能	侯青	P1					
	消息提醒功能	张俊	P1					
	截止日期 设置功能	沙先国	P1					
	个人信息管理功能	张颖	P1					
	登录	张颖	P1					
	角色管理	沙先国	P1					
	权限管理	沙先国	P1					
	教学计划管理	徐家喜	P1					
	任课老师管理	张俊	P1					
	教学任务管理	徐家喜	P1					

图 7-2 开发计划模板

开发过程中每个成员每个阶段按计划提交 Story,story 模版见附录 A。

4. 数据库设计

培养方案表的数据字典如表图 7-3 所示。

字段名	字段类型	缺省值	中文显示名称	约束关系	意义
cultivationProgramID	int	自增长	培养方案 ID	非空	主键
cultivationTarget	text		培养目标内容		
cultivationSpecification	text		培养规格内容		
schoolingPeriod	VARCHAR(1)		学制内容		3 或 4 或 5
degreeID	VARCHAR(10)		学位内容		工学学士或理学学士
graduationRequirement	text		毕业具体条件		
creator	VARCHAR(20)		创建人	非空	培养方案制定人
createTime	DATE		创建时间		自动插入当前时间
schoolYear	DATE		入学年份		
professionCode	VARCHAR(2)		专业(方向)代码	非空	
cultivationProgramName	VARCHAR(50)		培养方案名称		

图 7-3 教学大纲数据字典

其余数据库字典见附录 B

7.2 技术架构

1. 平台开发工具

❖ Spring 3、Mybatis 3 和 Strits2 作为技术构架;

❖ Tomcat6.0 中间件

❖ Mysql5

215 ·

❖ 平台搭建工具

—JDK6. X

—tomcat6. X

—Eclipse Java EE IDE for Web Developers

—平台字符集请确认为 UTF－8

2. 系统业务分层结构如图 7－4 所示

主要步骤如下：

① 创建 Web Project；

② 创建包；

③ 修改 web. xml，添加 struts. xml 文件；

④ 加载用户自定义包，修改 web. xml，添加 struts. properties 文件；

⑤ 加载 Ibatis 框架；

⑥ 对数据库表进行反向工程，生成映射文件。

图 7－4 系统业务分层结构

7.3 项目创建流程(以创建培养方案为例)

步骤1:

创建名为 njxzctms 的 Web Project,添加 Struts2、Spring 及 Mybatis 库文件,创建如图所示的包如图 7-5 所示。

```
+ ■ Referenced Libraries
- WebRoot
    + META-INF
    - WEB-INF
        - lib
            asm-1.5.3.jar
            cglib-2.1_3.jar
            commons-logging-1.1.1.jar
            freemarker-2.3.8.jar
            log4j-1.2.14.jar
            mybatis-3.0.2.jar
            mybatis-3.0.3-SNAPSHOT.jar
            mybatis-spring-1.0.0-RC2.jar
            mysql-connector-java-5.1.13-bin.jar
            ognl-2.6.11.jar
            org.springframework.aop-3.0.4.RELEASE.jar
            org.springframework.asm-3.0.4.RELEASE.jar
            org.springframework.context-3.0.4.RELEASE.jar
            org.springframework.expression-3.0.4.RELEASE.jar
            org.springframework.test-3.0.4.RELEASE.jar
            org.springframework.web-3.0.4.RELEASE.jar
            spring-beans-3.0.4.RELEASE.jar
            spring-core-3.0.4.RELEASE.jar
            spring-jdbc-3.0.4.RELEASE.jar
            spring-tx-3.0.4.RELEASE.jar
            struts2-core-2.0.14.jar
            struts2-spring-plugin-2.0.14.jar
            xwork-2.0.7.jar
```

图 7-5 系统库文件

步骤2:

在 Mysql 数据库中创建 JWXT 库,在库中创建 cultivationprogram(培养方案)表,创建表的 sql 语句如下:

```sql
-----------------------------
-- Table structure for `cultivationprogram`
-----------------------------
DROP TABLE IF EXISTS `cultivationprogram`;
CREATE TABLE `cultivationprogram` (
  `cultivationProgramID` int(11) NOT NULL AUTO_INCREMENT,
  `cultivationTarget` text,
```

```
`cultivationSpecification` text,
`schoolingPeriod` varchar(1) DEFAULT NULL,
`degreeName` varchar(10) DEFAULT NULL,
`graduationRequirement` text,
`creator` varchar(20) DEFAULT NULL,
`createTime` date DEFAULT NULL,
`schoolYear` int(4) DEFAULT NULL,
`professionCode` varchar(2) DEFAULT NULL,
`cultivationName` varchar(50) DEFAULT NULL,
PRIMARY KEY (`cultivationProgramID`),
UNIQUE KEY `cultivationName` (`cultivationName`)
) ENGINE = InnoDB AUTO_INCREMENT = 60 DEFAULT CHARSET = utf8;
```

步骤3：创建 mysql. properties 文件，内容如下：

```
## JDBC  Mysql propertiesa
dbc. driverClassName = com. mysql. jdbc. Driver
jdbc. url = jdbc \: mysql \: // localhost \: 3306 / test? user \ = root&password \ =
123456&useUnicode\ = true&characterEncoding\ = UTF - 8
```

创建 log4j. properties 文件，内容如下：

```
### set log levels ###
log4j. rootLogger = debug, stdout, E, D
log4j. appender. stdout = org. apache. log4j. ConsoleAppender
log4j. appender. stdout. Target = System. out
log4j. appender. stdout. layout = org. apache. log4j. PatternLayout
log4j. appender. stdout. layout. ConversionPattern = %d [ %t] % -5p %c - %m%n
log4j. appender. D = org. apache. log4j. DailyRollingFileAppender
log4j. appender. D. File = ${catalina. base} /logs /__TAMS__debug__. log
log4j. appender. D. Append = true
log4j. appender. D. Threshold = ERROE
log4j. appender. D. layout = org. apache. log4j. PatternLayout
log4j. appender. D. layout. ConversionPattern = % -d{yyyy - MM - dd HH\:mm\:ss}
[ %t\:%r ] - [ %p ]  %m%n
log4j. appender. E = org. apache. log4j. DailyRollingFileAppender
log4j. appender. E. File = ${catalina. base} /logs /__TAMS__error__. log
log4j. appender. E. Append = true
log4j. appender. E. Threshold = ERROE
log4j. appender. E. layout = org. apache. log4j. PatternLayout
```

```
log4j.appender.E.layout.ConversionPattern = % - d{yyyy - MM - dd HH\:mm\:ss}
[ %t\:%r ] - [ %p ]   %m%n
log4j.logger.org.springframework = ERROR
log4j.logger.com.opensymphony = ERROR
log4j.logger.org.apache = ERROR
log4j.logger.java.sql.ResultSet = INFO
log4j.logger.org.directwebremoting = INFO
```

步骤4:按 MVC 框架建立不同业务层的包,如图 7-6 所示。

图 7-6　创建业务层

步骤5:在 com.njxzc.tms.data.pojo 包中先建与表 cultivationprogram 对应的 Java 类 POJO,代码如下:

```
package com.njxzc.tms.data.pojo;
import java.util.Date;
import java.util.List;
public class CultivationProgram {
    private int cultivationProgramId; // 培养方案 ID
    private String cultivationTarget; // 培养目标内容
    private String cultivationSpecification; // 培养规格内容
    private String schoolingPeriod; // 学制内容
    private String degreeName; // 学位内容
    private String graduationRequirement; // 毕业具体条件
    private String creator; // 创建人
    private Date createTime; // 创建时间
    private int schoolYear; // 入学年份
    private String professionCode; // 专业(方向)代码
    private String cultivationName; // 培养方案名称
```

```
    public String getCultivationName() {
        return cultivationName;
    }
    public void setCultivationName(String cultivationName) {
        this.cultivationName = cultivationName;
    }
    public int getCultivationProgramId() {
        return this.cultivationProgramId;
    }
.

.

.

set get
}}
```

在 com. njxzc. tms. data 包中创建操作 POJO 对象的接口,代码如下:

```
package com.njxzc.tms.data;

import com.njxzc.tms.data.pojo.CultivationProgram;
import java.util.List;
public interface CultivationDao {
    public void saveCultivation(CultivationProgram culProgram);   // 保存培养方案
    public void updateCultivation(CultivationProgram culProgram);
    public void delCultivation(int culProgramId);
    public List<CultivationProgram> findAllCulInfos();

}
```

步骤 6:建立 POJO 类与对应表关联配置文件,首先建立两个包,分别是 mybatis. config 和 ibatis. mapper,在 mybatis. config 中建立 mybatis-config. xml 文件,代码如下:

```
<?xml version = "1.0" encoding = "UTF-8" ?>
<!DOCTYPE configuration PUBLIC "-//mybatis.org//DTD Config 3.0//EN" "http://mybatis.org/dtd/mybatis-3-config.dtd">
<configuration>
    <typeAliases>
        <typeAlias alias = "CultivationProgram"
type = "com.njxzc.tms.data.pojo.CultivationProgram" />
    </typeAliases>
    <mappers>
```

```
        <mapper
resource = "com /njxzc /tms /data /mappers /CultivationProgram. xml" />
    </mappers>
</configuration>
```

在 mybatis. mapper 包中创建 CultivationProgram. xml 文件,代码如下:

```xml
<?xml version = "1.0" encoding = "UTF - 8" ?>
<! DOCTYPE mapper PUBLIC " - //mybatis. org//DTD Mapper 3.0//EN"
    "http: //mybatis. org /dtd /mybatis - 3 - mapper. dtd">
<mapper namespace = "com. njxzc. tms. data. CultivationDao">
    <resultMap type = "CultivationProgram" id = "RCP">
        <result property = "cultivationProgramId"
            column = "cultivationProgramId" />
        <result property = "cultivationTarget" column = "cultivationTarget" />
        <result property = "cultivationSpecification"
            column = "cultivationSpecification" />
        <result property = "schoolingPeriod" column = "schoolingPeriod" />
        <result property = "degreeName" column = "degreeName" />
        <result property = "graduationRequirement"
            column = "graduationRequirement" />
        <result property = "creator" column = "creator" />
        <result property = "createTime" column = "createTime" />
        <result property = "schoolYear" column = "schoolYear" />
        <result property = "professionCode" column = "professionCode" />
        <result property = "cultivationName" column = "cultivationName" />
    </resultMap>
    <select id = "findAllCulInfos" resultMap = "RCP">
        SELECT * FROM cultivationprogram
    </select>
    <insert id = "saveCultivation" parameterType = "CultivationProgram">
        <! [CDATA[
        insert into cultivationProgram

    (cultivationTarget,cultivationSpecification,schoolingPeriod,
            degreeName,graduationRequirement,creator,schoolYear,
            professionCode,cultivationName)
            values
( #{cultivationTarget}, #{cultivationSpecification}, #{schoolingPeriod},
 #{degreeName}, #{graduationRequirement}, #{creator}, #{schoolYear},
```

```
                #{professionCode}, #{cultivationName})
        ]]>
    </insert>
    <update id = "updateCultivation" parameterType = "CultivationProgram">
        <![CDATA[
        update cultivationProgram set
    cultivationTarget = #{cultivationTarget},cultivationSpecification = #{cul-
tivationSpecification},
            schoolingPeriod = #{schoolingPeriod},
degreeName = #{degreeName},
        graduationRequirement = #{graduationRequirement},creator = #{creator},
            schoolYear = #{schoolYear}, professionCode = #{professionCode},
            cultivationName = #{cultivationName},status = #{status}
            where cultivationProgramId = #{cultivationProgramId}
        ]]>
    </update>
    <delete id = "delCultivation" parameterType = "int">
        <![CDATA[
        delete from cultivationProgram
            where cultivationProgramId = #{id}
        ]]>
    </delete>
</mapper>
        ]]>
    </update>
    <delete id = "delCultivation" parameterType = "int">
        <![CDATA[
        delete from cultivationProgram
            where cultivationProgramId = #{id}
        ]]>
    </delete>
</mapper>
```

通过以上两个配置文件,把 dao 层与 domain 层及数据库中的表进行了关联,使得 dao 接口中的方法能通过 POJO 对象的操作映射到对数据库中表内容的操作。

步骤 7:

在业务逻辑 com. njxzc. tms. data. service 接口包和 com. njxzc. tms. data. service. impl 实现包中分别创建文件,内容是对 CultivationProgram 对象操作的方法接口及实现。其中,接口文件 ICultivationService. java 的代码如下:

```
package com.njxzc.tms.data.services;
import java.util.List;
import com.njxzc.tms.data.pojo.CultivationProgram;
public interface ICultivationService {
        public void saveCultivation(CultivationProgram culProgram); //保存培养方案
  public void updateCultivation(CultivationProgram culProgram); //修改、更新培养
方案
    public void delCultivation(int culProgramId); //根据id号删除培养方案
    public List<CultivationProgram> findAllCulInfos(); //查询所有培养方案
}
```

接口文件ICultivationService.javade的实现CultivationServiceImpl.java代码：

```
package com.njxzc.tms.data.services.impl;
import java.util.List;
import org.springframework.beans.factory.annotation.Autowired;
import org.springframework.stereotype.Service;
import com.njxzc.tms.data.CultivationDao;
import com.njxzc.tms.data.pojo.CultivationProgram;
import com.njxzc.tms.data.services.ICultivationService;
@Service("cultivationService")
public class CultivationServiceImpl implements ICultivationService
{
    @Autowired CultivationDao cultivationDao;
    public void delCultivation(int culProgramId)
    {
        cultivationDao.delCultivation(culProgramId);
    }
    public List<CultivationProgram> findAllCulInfos()
    {
        return cultivationDao.findAllCulInfos();
    }
    public void saveCultivation(CultivationProgram culProgram)
    {
        cultivationDao.saveCultivation(culProgram);
    }
    public void updateCultivation(CultivationProgram culProgram)
    {
        cultivationDao.updateCultivation(culProgram);
    }
```

```
}
```

在 CurriculumServiceImpl. java 文件中通过"@service"注解的方式把该业务层的方法发布给 Action 层,同时通过"@Autowired"注解完成从 spring 配置文件中查找满足 culvitationDao 类型的 bean"注解方式去操纵 dao 层,从而实现对底层数据库的操作。接着就需要配置 Sping 来支持该注解方式的运行。

步骤 8:在 src 下创建 applicationContext-common. xml 文件,代码如下:

```xml
<?xml version = "1.0" encoding = "UTF - 8"?>
<beans xmlns = "http: // www. springframework. org /schema /beans"
    xmlns:xsi = "http: // www. w3. org /2001 /XMLSchema-instance"
    xmlns:aop = "http: // www. springframework. org /schema /aop"
    xmlns:tx = "http: // www. springframework. org /schema /tx"
    xmlns:jdbc = "http: // www. springframework. org /schema /jdbc"
    xmlns:context = "http: // www. springframework. org /schema /context"
    xsi:schemaLocation = "
    http: // www. springframework. org /schema /context http: // www. springframework. org /schema /context /spring-context-3.0. xsd
    http: // www. springframework. org /schema /beans http: // www. springframework. org /schema /beans /spring-beans-3.0. xsd
    http: // www. springframework. org /schema /jdbc http: // www. springframework. org /schema /jdbc /spring-jdbc-3.0. xsd
    http: // www. springframework. org /schema /tx http: // www. springframework. org /schema /tx /spring-tx-3.0. xsd
    http: // www. springframework. org /schema /aop http: // www. springframework. org /schema /aop /spring-aop-3.0. xsd"
    default-autowire = "byName">
    <context:annotation-config />
    <context:property-placeholder location = "classpath:mysql. properties" />
    <context:component-scan base-package = "com. njxzc. tms" />
    <bean id = "dataSource"
class = "org. springframework. jdbc. datasource. DriverManagerDataSource">
        <property name = "driverClassName" value = "${jdbc. driverClassName}" />
        <property name = "url" value = "${jdbc. url}" />
    </bean>
    <bean id = "transactionManager"
class = "org. springframework. jdbc. datasource. DataSourceTransactionManager">
        <property name = "dataSource" ref = "dataSource" />
```

```xml
    </bean>
    <bean id = "sqlSessionFactory"
class = "org.mybatis.spring.SqlSessionFactoryBean">
        <property name = "configLocation"
value = "classpath:mybatis-config.xml" />
        <property name = "dataSource" ref = "dataSource" />
    </bean>
    <bean id = "cultivationDao"
class = "org.mybatis.spring.MapperFactoryBean">
        <property name = "sqlSessionFactory" ref = "sqlSessionFactory" />
        <property name = "mapperInterface"
value = "com.njxzc.tms.data.CultivationDao" />
    </bean>
</beans>
```

修改 web.xml 文件,内容如下:

```xml
<?xml version = "1.0" encoding = "UTF-8"?>
<web-app version = "2.4" xmlns = "http://java.sun.com/xml    /ns/j2ee"
    xmlns:xsi = "http://www.w3.org/2001/XMLSchema-instance"
    xsi:schemaLocation = "http://java.sun.com/xml/ns/j2ee
http://java.sun.com/xml/ns/j2ee/web-app_2_4.xsd">
    <listener>
        <listener-class>org.springframework.web.context.ContextLoaderListener</listener-class>
    </listener>
    <context-param>
        <param-name>contextConfigLocation</param-name>
        <param-value>/WEB-INF/applicationContext-*.xml, classpath*:applicationContext-*.xml</param-value>
    </context-param>
    <context-param>
        <param-name>log4jConfigLocation</param-name>
        <param-value>/WEB-INF/log4j.properties</param-value>
    </context-param>
    <context-param>
        <param-name>log4jRefreshInterval</param-name>
        <param-value>60000</param-value>
    </context-param>
    <listener>
```

```xml
        <listener-class>org.springframework.web.util.Log4jConfigListener</lis-
tener-class>
    </listener>
    <filter>
        <filter-name>struts-cleanup</filter-name>
        <filter-class>
            org.apache.struts2.dispatcher.ActionContextCleanUp
        </filter-class>
    </filter>
    <filter>
        <filter-name>struts2.0</filter-name>
    <filter-class>org.apache.struts2.dispatcher.FilterDispatcher</filter-
class>
    </filter>
    <filter-mapping>
        <filter-name>struts-cleanup</filter-name>
        <url-pattern>*.do</url-pattern>
        <url-pattern>*.htm</url-pattern>
        <url-pattern>*.action</url-pattern>
        <url-pattern>*.jsp</url-pattern>
    </filter-mapping>
    <filter-mapping>
        <filter-name>struts2.0</filter-name>
        <url-pattern>*.do</url-pattern>
        <url-pattern>*.htm</url-pattern>
        <url-pattern>*.action</url-pattern>
        <url-pattern>*.jsp</url-pattern>
    </filter-mapping>
    <servlet>
        <servlet-name>RandImg</servlet-name>
        <servlet-class>com.web.PictureCheckCode</servlet-class>
    </servlet>
    <servlet-mapping>
        <servlet-name>RandImg</servlet-name>
        <url-pattern>/RandImg</url-pattern>
    </servlet-mapping>
    <welcome-file-list>
        <welcome-file>index.jsp</welcome-file>
    </welcome-file-list>
```

```
        <login-config>
            <auth-method>BASIC</auth-method>
        </login-config>
</web-app>
```

步骤 9:在 com. njxzc. tms. action 包中创建 CultivationAction. java 文件,代码如下:

```java
package com. njxzc. tms. action;
import java. util. List;
import org. springframework. beans. factory. annotation. Autowired;
import com. njxzc. tms. data. pojo. CultivationProgram;
import com. njxzc. tms. data. services. ICultivationService;
public class CultivationAction
{
    @Autowired
    // @Auotowired 和@Resource(name = "cultivationService")类似//cultivation-
Service 为 CultivationServiceImpl. java 中定义
    ICultivationService culService;
    private CultivationProgram cul;
    private String culId;
    private String Id;
    private List culList;
    private String tips;
    public void setCulService(ICultivationService culService)
    {
        this. culService = culService;
    }
    public ICultivationService getCulService()
    {
        return culService;
    }
    public void setCul(CultivationProgram cul)
    {
        this. cul = cul;
    }
    public CultivationProgram getCul()
    {
        return cul;
    }
    public void setCulId(String culId)
```

```java
{
    this.culId = culId;
}
public String getCulId()
{
    return culId;
}
public void setId(String id)
{
    Id = id;
}
public String getId()
{
    return Id;
}
public String getTips()
{
    return tips;
}
public void setTips(String tips)
{
    this.tips = tips;
}
public void setCulList(List culList)
{
    this.culList = culList;
}
public List getCulList()
{
    return culList;
}
  public String addCultivation()
{
    String result = "error";
    try
    {
        culService.saveCultivation(cul);
        this.setTips("添加成功");
        result = "success";
```

```
        }
        catch (Exception e)
        {
            e.printStackTrace();
            this.setTips("系统出现问题");
        }
        return result;
}
public String viewCulvitation()
{
        String result = "error";
        try
        {
            setCulList(culService.findAllCulInfos());
            result = "success";
        }
        catch (Exception e)
        {
            e.printStackTrace();
            this.setTips("系统出现问题,请稍后访问");
        }
        return result;
}
public String updateCulvitation()
{
        String result = "error";
        try
        {
            culService.updateCultivation(getCul());
            result = "success";
        }
        catch (Exception e)
        {
            e.printStackTrace();
            this.setTips("更新操作失败");
        }
        return result;
}
public String removeCulvitation()
```

```
    {
        String result = "error";
        System.out.println("id:" + this.getCulId());
        try
        {
culService.delCultivation(Integer.parseInt(this.getCulId()));
            System.out.println("id:" + this.getCulId());
            result = "success";
        }
        catch (Exception e)
        {
            e.printStackTrace();
            this.setTips("删除操作失败");
        }
        return result;
    }

}
```

在该文件中,通过注解@Autowired 方式调用 service 层的方法,在 strtuts.xml 中配置 action 与 jsp 文件的对应关系完成 jsp 或 action 调用。src 中 struts.xml 文件如下:

```
<?xml version = "1.0" encoding = "UTF - 8" ?>
<!DOCTYPE struts PUBLIC
    " - //Apache Software Foundation//DTD Struts Configuration 2.0//EN"
    "http://struts.apache.org/dtds/struts-2.0.dtd">
<struts>
    <include file = "struts-default.xml" />
    <package name = "cultivation" extends = "struts-default" >
    <action name = "addCultivation"
class = "com.njxzc.tms.action.CultivationAction"
method = "addCultivation">
            <result name = "success"> /success.jsp</result>
            <result name = "error"> /error.jsp</result>

    </action>
    <action name = "viewCulvitation"
class = "com.njxzc.tms.action.CultivationAction"
method = "viewCulvitation">
            <result name = "success" > /viewCulvitation.jsp</result>
```

```
                <result name = "error"></viewCulvitation. jsp</result>
    </action>
    <action name = "removeCulvitation"
class = "com. njxzc. tms. action. CultivationAction"
method = "removeCulvitation">
            <result name = "success"
type = "redirectAction"></viewCulvitation. action</result>
            <result name = "error"
type = "redirectAction"></viewCulvitation. action</result>
    </action>
    </package>
</struts>
```

创建 index. jsp 文件实现主页显示,具体代码如下:

```
< % @ page language = "java" pageEncoding = "utf-8" % >
<! DOCTYPE HTML PUBLIC " - //W3C//DTD HTML 4. 01 Transitional//EN">
<html>
  <head>
    <title>培养方案管理页面</title>
    <meta http-equiv = "pragma" content = "no-cache">
    <meta http-equiv = "cache-control" content = "no-cache">
    <meta http-equiv = "expires" content = "0">
    <meta http-equiv = "keywords" content = "keyword1,keyword2,keyword3">
    <meta http-equiv = "description" content = "This is my page">
  </head>

  <body>
    <h2><a href = "addCulvitation. jsp"> 添加培养方案</a>
      <a href = "viewCulvitation. action">浏览培养方案</a></h2>
  </body>
</html>
```

创建 viewculvitationl. jsp 文件,该文件利用 Struts2 标签与 Aaction 交互,把表单信息提交给 Action,代码如下:

```
< % @ page language = "java" pageEncoding = "utf-8" % >
< % @ taglib prefix = "s" uri = " /struts-tags" % >
<! DOCTYPE HTML PUBLIC " - //W3C//DTD HTML 4. 01 Transitional//EN">
<html>
    <head>
```

```html
            <title>浏览培养方案</title>
    </head>


    <body>
        <table width = "85%" border = "1" align = "center" style = "width:80%;">
            <tr>
        <th colspan = "9" align = "center" valign = "middle">培养方案列表</th>
            </tr>
                <tr>
<td colspan = "9" align = "left" valign = "middle"><a
href = "<% = request.getContextPath() %>/addCulvitation.jsp"><em>添加培养
方案</em></a>
</td>
</tr>
<tr>
<td width = "30%" align = "center" valign = "middle"><h4>方案名称</h4></td>
<td width = "7%" align = "center" valign = "middle"><h4>学制</h4></td>
<td width = "14%" align = "center" valign = "middle"><h4>学位名称</h4></td>
<td width = "13%" align = "center" valign = "middle"><h4>创建人</h4></td>
<td width = "14%" align = "center" valign = "middle"><h4>入学年份</h4></td>
<td width = "22%" align = "center" valign = "middle"><h4>操作</h4></td>
</tr>
<s:iterator value = "culList">
    <tr>
    <td height = "23" align = "center" valign = "middle">
    <s:property value = "cultivationName"/>
    </td>
    <td align = "center" valign = "middle">
    <s:property value = "schoolingPeriod"/>
    </td>
    <td align = "center" valign = "middle">
    <s:property value = "degreeName"/>
    </td>
    <td align = "center" valign = "middle">
    <s:property value = "creator"/>
    </td>
        <td align = "center" valign = "middle">
        <s:property value = "schoolYear"/>
        </td>
```

```
            <td align = "center" valign = "middle">
        <a
href = "<% = request. getContextPath ( ) % >/findById. action?culId = $ {cultiva-
tionProgramId}">修改</a>
        <a
href = "<% = request. getContextPath ( ) % >/removeCulvitation. action? culId =
$ {cultivationProgramId}">删除</a>
            </td>
          </tr>
        </s:iterator>
        <s:property value = "tips"/>
      </table>
    </body>
</html>
```

在这个 JSP 文件中利用 Struts 2 的特性,使得 JSP 表单能够直接把对象传递到 Ac-
tion,体现了 Struts 2 的 View 层与 Action 通信的便利性。

最后,项目的层次结构如图 7 - 7 所示。

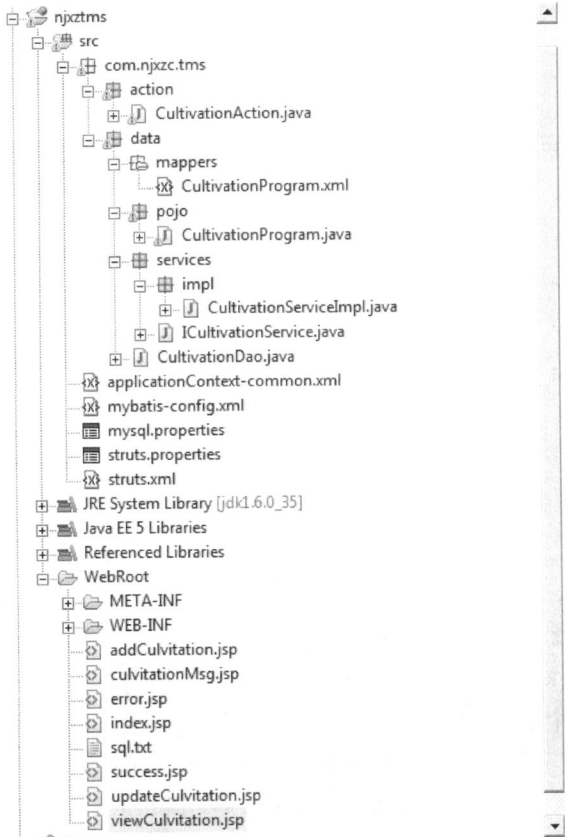

图 7 - 7 项目层次结构

实现效果:在浏览器中执行http://localhost:8080/njxztms/界面如图7-8所示。

图7-8 培养方案管理页面

选择创建培养方案,如图7-9所示。

图7-9 培养方案添加页面

查看所有培养方案,如图7-10所示。

从刚才的整个操作流程可以看出,Java EE 的体系结构有三层:表示层、业务逻辑层和数据持久层。开发一个基于SSI(Struts 2,Spring,Mybatis)项目,要遵循这三层模式。根据前面知识的学习,可以分别用SSI实现这样的目的:用Mybatis来完成数据的持久层应用,用Spring 的 Bean 来管理组件(主要是 DAO、业务逻辑和 Struts 的 Action),而用 Struts 来完成页面的控制跳转。

培养方案列表

添加培养方案

方案名称	学制	学位名称	创建人	入学年份	操作
2011软件工程(金融)	4	工学学士	王小正	2011	修改 删除
2011软件工程(服务外包)	4	工学学士	潘雷	2011	修改 删除
2011智能终端应用	4	工学学士	杨蔚鸣	2011	修改 删除
2010嵌入式系统	4	工学学士	曲波	2010	修改 删除
2010软件工程本科专业人才培养方案	4	工学学士	潘雷	2010	修改 删除
2011软件工程（软件测试）	4	工学学士	李雯睿	2011	修改 删除
2010行知数据库技术	4	理学学士	杨种学	2010	修改 删除
2009嵌入式系统	4	工学学士	曲波	2009	修改 删除
2009师范	4	理学学士	杨种学	2009	修改 删除
2009软件工程	4	理学学士	杨种学	2009	修改 删除
计算机科学与技术本科专业人才培养方案	4	理学学士	杨种学	2009	修改 删除
2010计算机科学与技术（网络方向）	4	工学学士	杨种学	2010	修改 删除
2010中韩1.2（软件工程）	4	理学学士	杨种学	2010	修改 删除
2011计算机科学与技术(网络工程)	4	工学学士	王江平	2011	修改 删除
2011数学与应用数学（保险精算）	4	工学学士	任艳丽	2011	修改 删除
2013智能终端培养方案	4	工学学士	4徐家喜	2013	修改 删除

图 7 - 10　培养方案浏览页面

整个项目功能较多,其他功能的实现可以安排学生分组实现。用户登录正确后,进入系统,项目最终整体实现效果如图 7 - 11 所示。

图 7 - 11　登录后模块选择页面

接着按不同角色进入不同页面,如角色为专业负责人,则进入如图 7 - 12 所示界面。

图 7 – 12　专业负责人页面

选择创建培养方案,如图 7 – 13 所示。

图 7 – 13　创建培养方案页面

提交后则增加一条记录,如图 7 – 14 所示。

图 7 - 14 培养方案增加记录页面

从刚才的整个操作流程可以看出,Java EE 的体系结构有三层:表示层、业务逻辑层和数据持久层。开发一个 SMS(Struts2,Mybatis,Spring)项目,要遵循这三层模式。根据前面知识的学习,可以分别用 SMS 实现这样的目的:用 Hibernate 来完成数据的持久层应用,用 Spring 的 Bean 来管理组件(主要是 DAO、业务逻辑和 Struts 的 Action),而用 Struts 来完成页面的控制跳转。

巩固练习

根据项目需求分组完成项目的其他功能。

【微信扫码】
习题解答 & 相关资源

第8章 Spring3 MVC 和 Hibernate 整合应用
——教育资源平台开发实例

学习目标

1. 了解并掌握 Spring3 MVC 和 Hibernate 两种框架整合应用的配置。
2. 掌握项目开发流程。
3. 巩固所学框架知识。

该项目是我校师生与企业联合开发出的一个教育资源系统,通过该项目的锻炼,使师生对项目开发过程、项目管理和最新开发框架有了充分了解。

8.1 项目简介

1. 项目功能架构如图 8-1 所示
2. 技术架构
(1) 平台开发工具
❖ Spring 3.0 和 Hibernate 3.0 作为底层技术构架
❖ Tomcat7.0 中间件
❖ Oracle 10g
❖ 平台搭建工具
   —JDK7. X
   —tomcat7. X
   —Eclipse Java EE IDE for Web Developers,需要安排 maven 和 subeclipse 插件,可以直接打开 eclipse,Help-Marketplace 中下载
   —平台字符集请确认为 UTF-8
(2) 项目编译环境设置
先建一个 web Project,上传到 svn 服务器。小组所有成员在项目开发过程中通过 svn 来进行项目版本控制。
  ○ 平台初始包下载
   —https://219.230.55.224/svn/RSP/trunk
   —用户名为姓名全拼,密码姓名首字母
   —采用 eclipse SVN 下载初始包

图 8 - 1　项目功能架构

1. 使用 eclipse 配置项目

删除在 SVN 检出的 eclipse 应用,注意请不要勾选删除本地硬盘代码!,如图 8 - 2 所示。

图 8 - 2　eclipse 配置

在 eclipseFile-import 菜单下,选择 Maven-Existing Maven projects,导入之前 SVN 检出的项目,如图 8 - 3 所示。

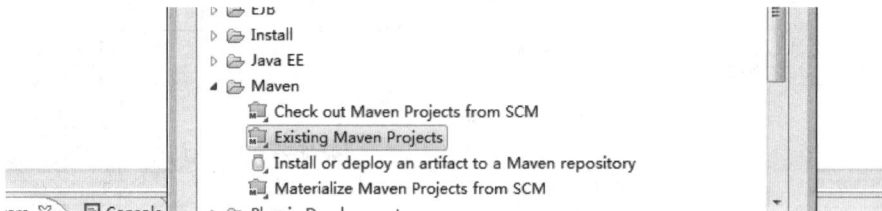

图 8 - 3　eclipse 添加 Maven 管理功能

导入成功后项目结构如图 8 - 4 所示。

图 8 - 4　导入成功后项目结构

在 eclipse 中配置 servers 为 tomcat7，如图 8 - 5 所示。点击 debug 或者 start 运行 tomcat，如果运行成功则系统搭建和初始化完成。

图 8 - 5　配置 Tomcat

2. 页面展示

(1) 平台运行后前台首页如图 8 - 6 所示。

图 8 - 6　前台首页

（2）管理员后台登录后页面如图 8-7 所示。

图 8-7　后台管理页面

3. 系统数据流,如图 8-8 所示

图 8-8　系统数据流

4. Project 目录,如图8-9所示

图 8-9   Project 目录

目录说明:

—busapp   存放需要登录接口的 J2EE 程序

—admin   系统配置优化和监控程序,如数据字段,系统信息,模板管理等

—css   系统通用的 css 文件

—datepicker   日期控件

—easyui   页面 UI 库

—images   界面图片库

—jsp J2EE   程序

—src J2ee   标准目录,存放配置文件和源码

—WEB-INF J2EE   标准程序目录,存放编译后 的配置 文件 和代码,及相关 jar 包

—portal   存放外部网站和门户

5. 平台关键 API

Package

– com.rsp.core   存放平台核心包

– com.rsp.util 平台工具包

Class

- com.rsp.core.Page　分页处理
- com.rsp.core.BaseController　action 基类
- com.rsp.core.BaseDao　数据处理基类
- com.rsp.core.BaseDomain 实体对象基类

Method

- com.rsp.core.BaseDao.load(Serializable id)
- com.rsp.core.BaseDao.get(Serializable id)
- com.rsp.core.BaseDao.loadAll
- com.rsp.core.BaseDao.save(T entity)
- com.rsp.core.BaseDao.delete(T entity)
- com.rsp.core.BaseDao.deleteAll(T entity)
- com.rsp.core.BaseDao.update(T entity)
- com.rsp.core.BaseDao.find(String hql)
- pagedQuery(String hql, int pageNo, int pageSize, Object... values)

6. 数据字典(以资源分类表8-1为例)

表 8-1　资源分类表(**RS_CATEGORY**)

字段名称	字段含义	数据类型	宽度	NULL	注
ID	表的主键	NUMBER	12	N	记录的唯一标识
CODE	分类代码	VARCHAR2	100	Y	
CETEGORYNAME	分类名称	VARCHAR2	100	Y	
PARENTID	父节点 ID	NUMBER	12	Y	
RANK	排名	NUMBER	12	Y	
STATUS	开启状态	NUMBER	12	Y	

7. 开发过程,如图 8-10 所示

图 8-10　开发过程

8. 开发任务安排,如图 8-11 所示

开发人员	任务列表	时间要求	截至是时间
伊昭荣	角色分类,角色管理	1D	2012/7/5下班
施俊霞	用户管理,系统参数	1D	2012/7/5下班
岳国宾	权限管理、岗位成员表	1D	2012/7/5下班
张辉	数据字典,学校管理	1D	2012/7/5下班
张颖	组织机构管理	1D	2012/7/5下班

图 8-11

8.2 两个项目实现技术比较

1. 相同点

项目整体 MVC 框架的层次结构与前一个项目大体一致,逻辑层次也分为 Domain、Dao、Service、Controller 及 JSP,其中 Controller 相当于教务管理系统中的 Action,结构如图 8-12 所示。

图 8-12 项目层次结构

2. 不同点

(1) 在教务管理系统中,Spring 只用到自身的依赖注入特性,把 Struts2 的 Action 与底层的 Dao 层连接起来,View 层与 Action 通信是由 Struts2 完成的。

在教育资源系统中,Spring3 不仅使用了依赖注入的特性,充分利用了 Spring3 MVC 带来的新特性,因此配置时多增加了一个名为 org. springframework. web. servlet-3. 1. 1. RE-LEASE. jar 的包文件。下面列出项目的配置文件及 Controller 层的代码供参考研究。

(2) 在数据持久层方面也使用了 JPA Annotations 和 Hibernate Annotations 特性,使用 Hibernate Annotations 不需要使用 HBM 映射档案,直接在 POJO 上使用 Annotation 设定对应关系。相比较而言,该项目配置文件更简洁点,该项目的数据字典见附录。

8.3 项目创建流程（以用户注册为例）

1. 项目目录结构如图8-13所示

图8-13 项目结构图

2. 项目创建步骤

第一步：添加框架必须的jar包

（1）spring中的jar包

首先从spring官网http://www.springsource.org/download/community中下载最新版本的spring，本例采用的是spring-framework-3.1.1.RELEASE。初学者最好采用和此版本一样的版本。下载后如图8-14所示。

图8-14 spring压缩包

解压得到文件夹如图8-15所示。

图8-15 spring解压缩文件夹

打开文件夹如图 8 - 16 所示。

图 8 - 16　spring 文件夹

选择如下 jar 包如图 8 - 17 所示。

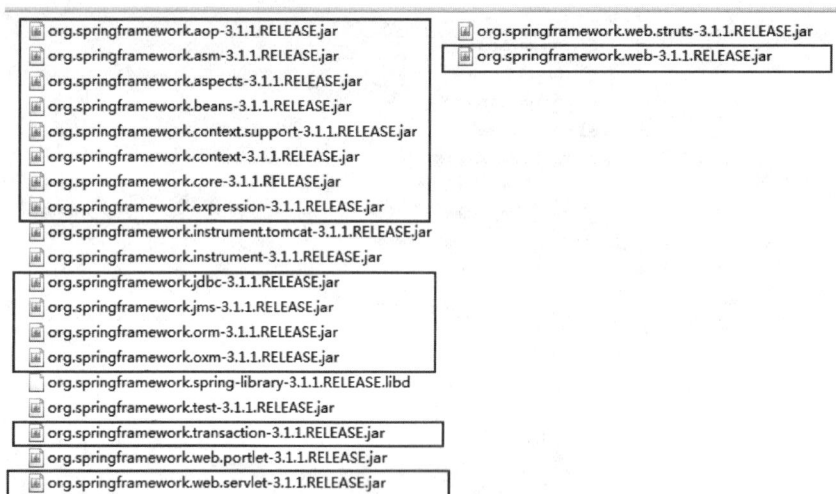

图 8 - 17　框架所需 spring 包文件

将以上 jar 包复制到 web-INF 下的 lib 目录中(以下简称 lib)。

(2) hibernate 中的 jar 包如图 8 - 18 所示:

准备 hibernate 的 jar 包,从 hibernate 官网http://www.hibernate.org/downloads 下载 hibernate 版本,本例采用的是 hibernate-distribution-3.6.10.Final,下载后如下:

图 8 - 18　hibernate 压缩包文件

解压后如图 8 - 19 所示:

图 8 - 19　hibernate 解压缩文件夹

打开 hibernate 文件夹,先选择如图中的 jar 包:

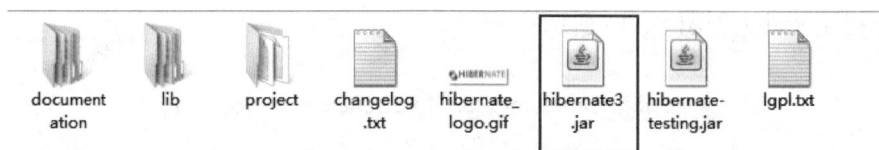

图 8 - 20　hibernate 文件夹

再打开 hibernate 文件夹中的 lib 文件夹如图 8-21 所示。

图 8-21　hibernate 中的 lib 文件夹

图 8-22　框架所需 spring 包文件

将此文件夹的 jar 包全部复制到 web 项目的 lib 目录中，并将 jpa 中的 jar 也复制到 lib 中。将 bytecode 中的 cglib 复制到 lib 中。分别如图 8-22、8-23、8-24、8-25、8-26 所示。

图 8-23

图 8-24　　　　**图 8-25**　　　　**图 8-26**

以上是 hibernate 和 spring 中所要加入的包，除此之外还要加入如图 8-27 所示的包。

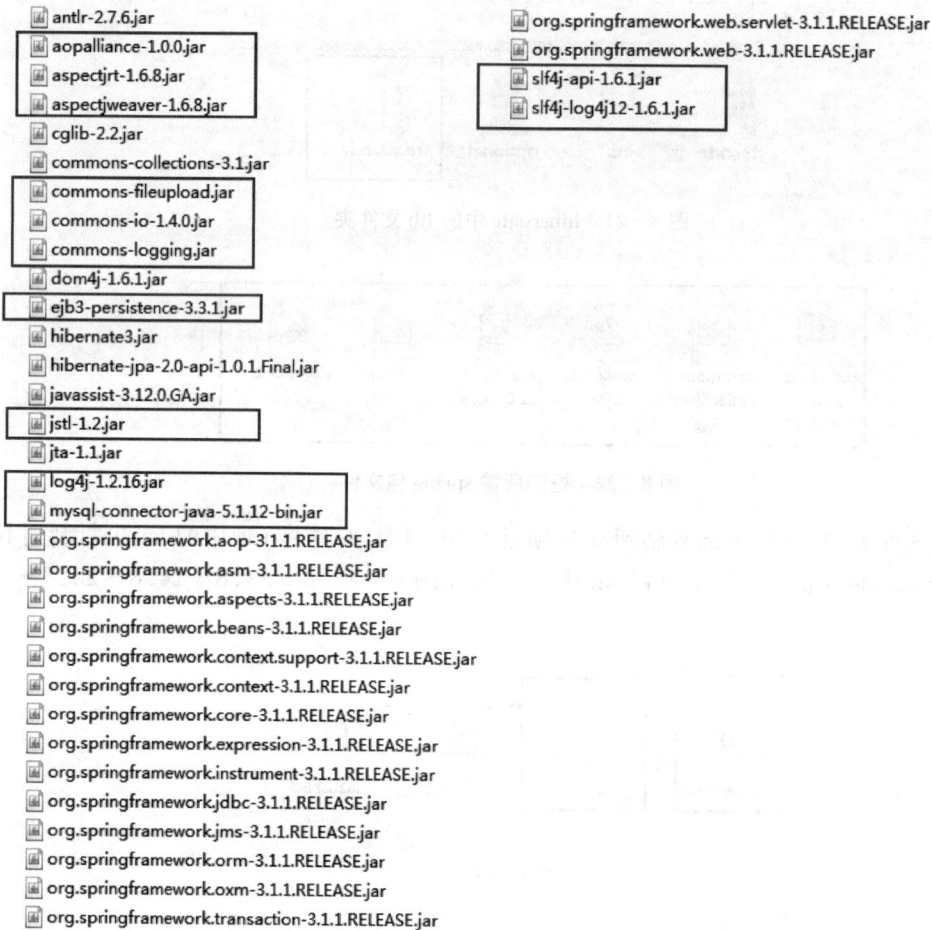

The left column list:

```
antlr-2.7.6.jar
aopalliance-1.0.0.jar
aspectjrt-1.6.8.jar
aspectjweaver-1.6.8.jar
cglib-2.2.jar
commons-collections-3.1.jar
commons-fileupload.jar
commons-io-1.4.0.jar
commons-logging.jar
dom4j-1.6.1.jar
ejb3-persistence-3.3.1.jar
hibernate3.jar
hibernate-jpa-2.0-api-1.0.1.Final.jar
javassist-3.12.0.GA.jar
jstl-1.2.jar
jta-1.1.jar
log4j-1.2.16.jar
mysql-connector-java-5.1.12-bin.jar
org.springframework.aop-3.1.1.RELEASE.jar
org.springframework.asm-3.1.1.RELEASE.jar
org.springframework.aspects-3.1.1.RELEASE.jar
org.springframework.beans-3.1.1.RELEASE.jar
org.springframework.context.support-3.1.1.RELEASE.jar
org.springframework.context-3.1.1.RELEASE.jar
org.springframework.core-3.1.1.RELEASE.jar
org.springframework.expression-3.1.1.RELEASE.jar
org.springframework.instrument-3.1.1.RELEASE.jar
org.springframework.jdbc-3.1.1.RELEASE.jar
org.springframework.jms-3.1.1.RELEASE.jar
org.springframework.orm-3.1.1.RELEASE.jar
org.springframework.oxm-3.1.1.RELEASE.jar
org.springframework.transaction-3.1.1.RELEASE.jar
```

```
org.springframework.web.servlet-3.1.1.RELEASE.jar
org.springframework.web-3.1.1.RELEASE.jar
slf4j-api-1.6.1.jar
slf4j-log4j12-1.6.1.jar
```

图 8 - 27　其余 jar 包

以上是所有的 springMVC+ hibernate 的所需 jar 包,将所有 jar 包复制到 web 项目的 lib 目录中。

第二步:配置文件

(1) 从 hibernate 中复制并修改文件

首先从 hibernate 中的 project 文件夹中打到 etc 文件夹,复制其中如图所示的两个文件到 classpath 下,如图 8 - 28、8 - 29 所示。

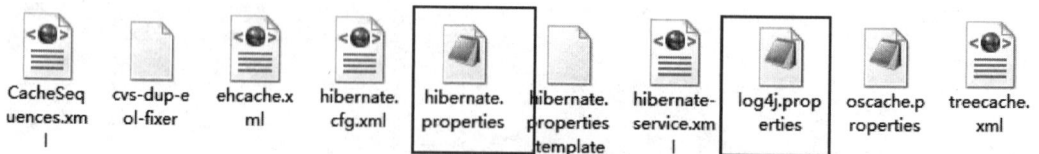

文件图标及名称:
CacheSequences.xml, cvs-dup-ool-fixer, ehcache.xml, hibernate.cfg.xml, hibernate.properties, hibernate.properties template, hibernate-service.xml, log4j.properties, oscache.properties, treecache.xml

图 8 - 28　hibernat 配置文件

图 8 - 29　jar 包路径

① 修改 hibernate. properties 文件

文件具体代码如下：

```
＃＃ HypersonicSQL
dataSource. password =
dataSource. username = root
dataSource. databaseName = test
dataSource. driverClassName = com. mysql. jdbc. Driver
dataSource. dialect = org. hibernate. dialect. MySQL5Dialect
dataSource. serverName = localhost:3306
dataSource. url = jdbc:mysql://localhost:3306/test
dataSource. properties = user = ${dataSource. username}; databaseName = ${data-
Source. databaseName}; serverName = ${dataSource. serverName}; password = ${data-
Source. password}
dataSource. hbm2ddl. auto = update
＃hibernate. connection. url jdbc:hsqldb:hsql://localhost
＃hibernate. connection. url jdbc:hsqldb:test
```

② 修改 log4j. properties 文件

文件具体代码如下：

```
log4j. rootLogger = warn, stdout
＃log4j. logger. org. hibernate = info
＃log4j. logger. org. hibernate = debug
```

以上两个文件未贴出来的表示不改。

（1）编写 spring 配置文件

① 新建 applicationContext. xml 文件

在 classpath 下新建 applicationContext. xml 文件内容如下：

```xml
<?xml version = "1.0" encoding = "UTF - 8"?>
<beans xmlns = "http: // www. springframework. org /schema /beans"
    xmlns:aop = "http: // www. springframework. org /schema /aop"
xmlns:context = "http: // www. springframework. org /schema /context"
    xmlns:p = "http: // www. springframework. org /schema /p"
xmlns:tx = "http: // www. springframework. org /schema /tx"
    xmlns:xsi = "http: // www. w3. org /2001 /XMLSchema-instance"
    xsi:schemaLocation = "
            http: // www. springframework. org /schema /beans
http: // www. springframework. org /schema /beans /spring-beans-3. 0. xsd
            http: // www. springframework. org /schema /context
http: // www. springframework. org /schema /context /spring-context-3. 0. xsd
            http: // www. springframework. org /schema /aop
http: // www. springframework. org /schema /aop /spring-aop-3. 0. xsd
            http: // www. springframework. org /schema /tx
http: // www. springframework. org /schema /tx /spring-tx-3. 0. xsd">

    <context:component-scan base-package = "com. mvc" />
    <!-- 支持 aop 注解 -->
    <aop:aspectj-autoproxy />
    <context: property-placeholder location = " classpath: / hibernate. proper-
ties" />

    <bean id = "dataSource"
        class = "org. springframework. jdbc. datasource. DriverManagerDataSource">
        <property name = "driverClassName" value = " ${dataSource. driver-
ClassName}" />
        <property name = "url" value = " ${dataSource. url}" />
        <property name = "username" value = " ${dataSource. username}" />
        <property name = "password" value = " ${dataSource. password}" />
    </bean>

    <bean id = "sessionFactory"

    class = "org. springframework. orm. hibernate3. annotation. AnnotationSession-
FactoryBean">
        <property name = "dataSource" ref = "dataSource" />
        <property name = "hibernateProperties">
```

```xml
                <props>
                    <prop key = "hibernate.dialect"> $ {dataSource.dialect}</
prop>
                    <prop key = "hibernate.hbm2ddl.auto"> $ {dataSource.hbm2ddl.
auto}</prop>
                    <prop key = "hibernate.hbm2ddl.auto">update</prop>
                </props>
        </property>
        <property name = "packagesToScan">
            <list>
                    <value>com.mvc.model</value><!-- 扫描实体类,也就是平时
所说的 model -->
            </list>
        </property>
    </bean>

    <bean id = " hibernateTemplate" class = "org.springframework.orm.hiber-
nate3.HibernateTemplate">
        <property name = "sessionFactory" ref = "sessionFactory"></property>
    </bean>


    <!-- 配置事务管理 -->
    <bean id = "txManager"
        class = "org.springframework.orm.hibernate3.HibernateTransactionMan-
ager">
        <property name = "sessionFactory" ref = "sessionFactory"></property>
    </bean>
    <tx:annotation-driven transaction-manager = "txManager" />
    <aop:config>
        <aop:pointcut expression = "execution(public * com.mvc.service.impl.
*.*(..))"
            id = "businessService" />
        <aop:advisor advice-ref = "txAdvice" pointcut-ref = "businessService" />
    </aop:config>
    <tx:advice id = "txAdvice" transaction-manager = "txManager">
        <tx:attributes>
```

```
                    <tx:method name = "find *" read-only = "true" propagation = "NOT_
SUPPORTED" />
```
```
                    <!-- get 开头的方法不需要在事务中运行。有些情况是没有必要使用
事务的,比如获取数据。开启事务本身对性能是有一定的影响的 -->
                    <tx:method name = " * " />        <!-- 其他方法在实务中运行 -->
                </tx:attributes>
            </tx:advice>
</beans>
```

② 新建 spring-servlet. xml 文件

在 web-INF 下新建 spring-servlet. xml 文件,内容如下:

```
<?xml version = "1.0" encoding = "UTF - 8"?>
<beans xmlns = "http://www.springframework.org/schema/beans"
xmlns:xsi = "http://www.w3.org/2001/XMLSchema-instance"
    xmlns:p = "http://www.springframework.org/schema/p"
xmlns:mvc = "http://www.springframework.org/schema/mvc"
    xmlns:context = "http://www.springframework.org/schema/context"
xmlns:util = "http://www.springframework.org/schema/util"
xsi:schemaLocation = "http://www.springframework.org/schema/beans
http://www.springframework.org/schema/beans/spring-beans-3.0.xsd
        http://www.springframework.org/schema/context
http://www.springframework.org/schema/context/spring-context-3.0.xsd
            http://www.springframework.org/schema/mvc
http://www.springframework.org/schema/mvc/spring-mvc-3.0.xsd
            http://www.springframework.org/schema/util
http://www.springframework.org/schema/util/spring-util-3.0.xsd">
    <!-- 对 web 包中的所有类进行扫描,以完成 Bean 创建和自动依赖注入的功能 -->
    <context:component-scan base-package = "com.mvc.web"/>
    <mvc:annotation-driven />    <!-- 支持 spring3.0 新的 mvc 注解 -->
    <!-- 启动 Spring MVC 的注解功能,完成请求和注解 POJO 的映射 -->
    <bean class = "org.springframework.web.servlet.mvc.annotation.Annotation-
MethodHandlerAdapter"/>
    <!-- 对模型视图名称的解析,即在模型视图名称添加前后缀 -->
    <bean class = "org.springframework.web.servlet.view.InternalResourceVie-
wResolver"
        p:prefix = "/WEB-INF/jsp/" p:suffix = ".jsp">
        <!-- 如果使用 jstl 的话,配置下面的属性 -->
        <property name = "viewClass" value = "org.springframework.web.servlet.
view.JstlView" />
```

```
        </bean>
</beans>
```

③ 修改 web. xml 文件

文件内容如下:

```
<?xml version = "1.0" encoding = "UTF - 8"?>
<web-app version = "2.5"
    xmlns = "http://java.sun.com/xml/ns/javaee"
    xmlns:xsi = "http://www.w3.org/2001/XMLSchema-instance"
    xsi:schemaLocation = "http://java.sun.com/xml/ns/javaee
    http://java.sun.com/xml/ns/javaee/web-app_2_5.xsd">
    <servlet>
        <servlet-name>springmvc</servlet-name>
        <servlet-class>   org.springframework.web.servlet.DispatcherServlet
        </servlet-class>
        <init-param>
            <param-name>contextConfigLocation</param-name>
<param-value>classpath:applicationContext * . xml, /WEB-INF/spring-servlet.xml
</param-value>
        </init-param>
        <load-on-startup>1</load-on-startup>
    </servlet>
    <servlet-mapping>
        <servlet-name>springmvc</servlet-name>
        <url-pattern> * . do</url-pattern>
    </servlet-mapping>
    <welcome-file-list>
        <welcome-file>index. * </welcome-file>
        <welcome-file>reg. jsp</welcome-file>
    </welcome-file-list>
</web-app>
```

第三步:业务逻辑

(1) Model 层

新建实体类 User. java,内容如下:

```
package com.mvc.model;
import javax.persistence.Entity;
import javax.persistence.GeneratedValue;
import javax.persistence.Id;
```

```
@Entity
public class User {
    private int id;
    private String name;
    private String password;
    @Id
    @GeneratedValue
    public int getId() {
        return id;
    }
    public void setId(int id) {
        this.id = id;
    }
    public String getName() {
        return name;
    }
    public void setName(String name) {
        this.name = name;
    }
    public String getPassword() {
        return password;
    }
    public void setPassword(String password) {
        this.password = password;
    }
}
```

（2）Dao 层

新建 UserDao.java，内容如下：

```
package com.mvc.dao;
import java.util.List;
import javax.annotation.Resource;
import org.springframework.orm.hibernate3.HibernateTemplate;
import org.springframework.stereotype.Repository;
import com.mvc.model.User;
@Repository("userDao")
public class UserDao {
    @Resource
    private HibernateTemplate hibernateTemplate;
```

```java
public void add(User u) {
    hibernateTemplate.save(u);
}
public boolean findUser(User u) {
    List<?> list = hibernateTemplate.find("from User u where u.name=?",
            u.getName());
    if (list.size() > 0) {
        return true;
    }
    return false;
}
public boolean userLogin(User u) {
    List<?> list = hibernateTemplate.find(
            "from User u where u.name=? and u.password=?", u.getName(),
            u.getPassword());
    if (list.size() > 0) {
        return true;
    }
    return false;
}
}
```

（3）Service 层

新建 UserService.java，内容如下：

```java
package com.mvc.service;
import javax.annotation.Resource;
import org.springframework.stereotype.Service;
import com.mvc.dao.UserDao;
import com.mvc.model.User;
@Service("userService")
public class UserService {
    @Resource
    private UserDao userDao;
    public void add(User user) {
        userDao.add(user);
    }
    public boolean exist(User user) {
```

```
        return userDao.findUser(user);
    }
    public boolean login(User user) {
        return userDao.userLogin(user);
    }
}
```

（4）Controller 层（Action 层）

新建 UserControler.java，内容如下：

```
package com.mvc.web;
import javax.annotation.Resource;
import org.springframework.stereotype.Controller;
import org.springframework.web.bind.annotation.RequestMapping;
import com.mvc.model.User;
import com.mvc.service.UserService;
@Controller("userController")
@RequestMapping("/user.do")
public class UserController {
    @Resource
    private UserService userService;
    @RequestMapping(params = "method = reg")
    public String reg(User user) {
        System.out.println("用户注册");
        if (userService.exist(user)) {
            return "reg_fail";
        }
        userService.add(user);
        return "reg_success";
    }
    @RequestMapping(params = "method = log")
    public String log(User user) {
        System.out.println("用户登录");
        if (userService.login(user)) {
            return "log_success";
        }
        return "log_fail";
    }
}
```

（5）View 层

在 WebContent 中新建两个 jsp 文件，分别是 reg.jsp 和 log.jsp。

① Reg.jsp 的内容如下：

```jsp
<%@ page language = "java" contentType = "text/html; charset = UTF-8"
    pageEncoding = "UTF-8" %>
<!DOCTYPE html PUBLIC "-//W3C//DTD HTML 4.01 Transitional//EN" "http://www.w3.org/TR/html4/loose.dtd">
<html>
<head>
<meta http-equiv = "Content-Type" content = "text/html; charset = UTF-8">
<title>Insert title here</title>
</head>
<body>
    <form action = "user.do">
        <input type = "text" name = "name" />
        <br />
        <input type = "password" name = "password" />
        <input type = "hidden" name = "method" value = "reg" />
        <br />
        <input type = "submit" value = "注册" />
    </form>
        <a href = "/springMVC_Demo01/log.jsp">登录</a>
</body>
</html>
```

② Log.jsp 的内容如下：

```jsp
<%@ page language = "java" contentType = "text/html; charset = UTF-8"
    pageEncoding = "UTF-8" %>
<!DOCTYPE html PUBLIC "-//W3C//DTD HTML 4.01 Transitional//EN" "http://www.w3.org/TR/html4/loose.dtd">
<html>
<head>
<meta http-equiv = "Content-Type" content = "text/html; charset = UTF-8">
<title>Insert title here</title>
</head>
<body>
    <form action = "user.do">
        <input type = "text" name = "name" />
        <br />
```

```
            <input type = "password" name = "password" />
            <input type = "hidden" name = "method"value = "log" />
            <br />
            <input type = "submit" value = "登录" />
        </form>

        <a href = " /springMVC_Demo01 /reg. jsp">注册</a>
    </body>
    </html>
```

在 web-inf 文件夹中新建 jsp 文件夹创建四个 jsp 文件,分别为:reg_fail、reg_success、log_fail、log_success。四个文件中只做一些简单的提示。

③ log_fail. jsp 文件内容如下:

```
<% @ page language = "java" contentType = "text /html; charset = UTF - 8"
    pageEncoding = "UTF - 8" %>
<!DOCTYPE html PUBLIC " - //W3C//DTD HTML 4.01 Transitional//EN" "http: //www.w3.
org /TR /html4 /loose. dtd">
<html>
<head>
<meta http-equiv = "Content-Type" content = "text /html; charset = UTF - 8">
<title>Insert title here</title>
</head>
<body>
    <h1>登录失败! 用户名或密码错误</h1>
    <a href = " /springMVC_Demo01 /log. jsp">跳到登录页</a>
</body>
</html>
```

其他三个只改 body 中的提示内容,在此不再赘述。

第四步:测试

(1) 开启服务器

打开 tomcat 服务器,如图 8 - 30 所示。

图 8 - 30　tomcat 服务器

(2) 在浏览器中浏览

右击 reg. jsp 文件选择 Run As-Run On Server,如图 8 - 31 所示。

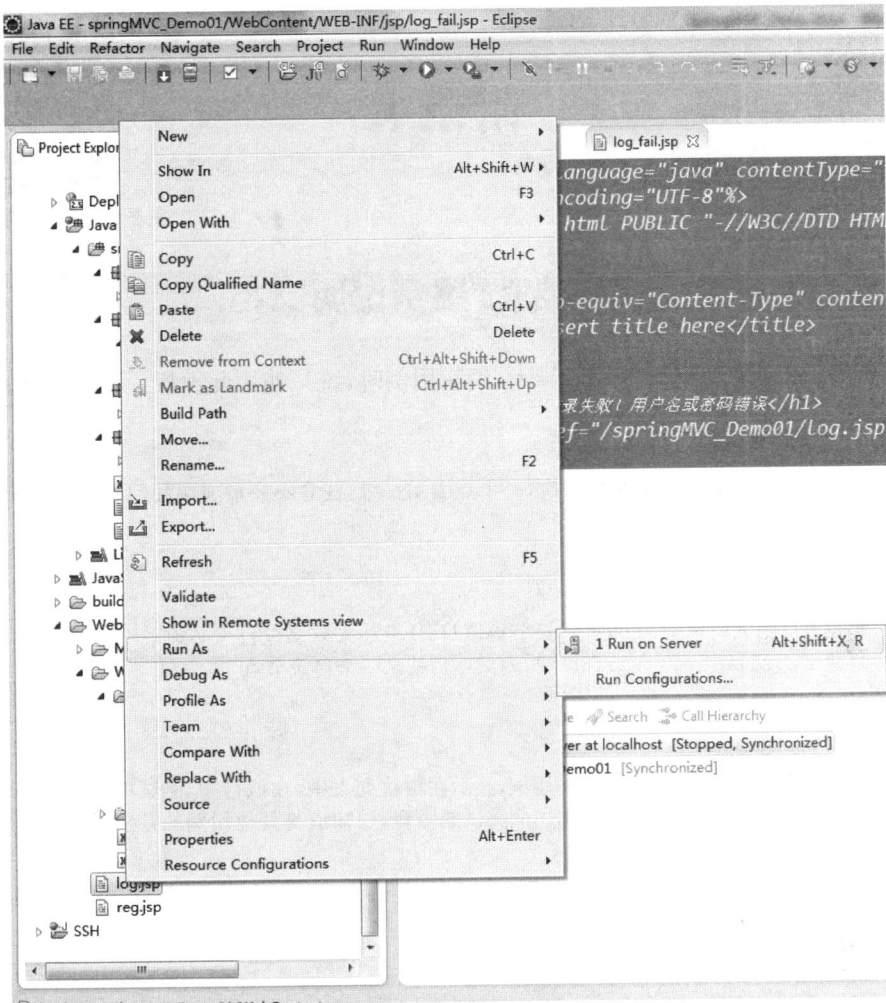

图 8 - 31   Run on Server

（3）运行结果如图 8 - 32 所示。

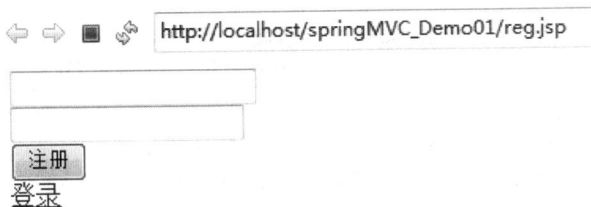

http://localhost/springMVC_Demo01/reg.jsp

注册
登录

图 8 - 32   运行结果

巩固练习

根据项目需求分组完成项目的其他功能。

【微信扫码】
习题解答 & 相关资源

附录 A

【微信扫码】
更多资源（第 9 章及附录）

A.1　测试用例说明文档

为方便用例编写以及向 GT3K 导入，编写用例时，统一使用此模板，写作要求如下：

层次

表示华为 GT3K 树状管理的层次，一个点表示一级，注意不要形成混乱（TD 中无要求根据华为方要求）

测试
项目

根据 TD 测试树集中 Subject 目录节点填写，注意如果有多级目录必须采用如下格式"目录 1\目录 2\…\目录 N"（在 GT3K 中，测试项目就是一个目录节点）

用例
标题

在 TD 或 GT3K 中，对应具体的用例，显示在树状列表中，在该行中，测试项目列应该留空，在写用例时，该列应该明确表示出用例测试的内容，要知道与其他用例的差别，使用语言尽量简练，不要过长

用例
ID

根据用例 ID 命名规则进行命名，避免重复

用例
级别

Level 1：基本。该类用例涉及系统基本功能，用于版本提交时作为"版本通过准则"。如存在不通过的项目时可考虑重新提交版本，例如通话不计费等。1 级用例的数量应受到控制。

Level 2：重要。2 级测试用例在非回归的系统测试版本中基本上都需要进行验证，以保证系统所有的重要功能都能够正常实现。在测试过程中可以根据版本当前的具体情况进行安排是否进行测试。

Level 3：一般。3 级测试用例使用频率较二级测试用例低，在非回归的系统测试版本中不一定都进行验证，而且在系统测试的中后期并不一定需要每个版本都进行测试。

Level 4：生僻。该类用例对应较生僻的预置条件和数据设置。虽然某些测试用例发现过较严重的错误，但是那些用例的触发条件非常特殊，仍然应该被置入 4 级用例中。有关用户界面的优化等方面的测试可归入 4 级用例。在实际使用中使用频率非常低、对用户可有可无的功能。

前置
条件

执行本测试用例前，被测试对象所需要具备的预置数据、所处状态或入口条件等要求。

用例 描述	列出执行本测试用例所需的具体的每一个输入或操作步骤。某些输入值可能要由下述的方式描述:如,允许一定范围的输入数要指明公差值,引用常量表或事务文件的数据要指明引用的表或文件的名称。同时,如果输入值用到了相关的数据库、文件、终端显示信息、内存存储区数据以及操作系统底层传递的数值等,也要在此节指明。 另外,如果有必要,也要说明各输入数值之间的依赖关系(例如,输入时间先后关系)。对于集成测试和单元级别的测试用例,建议"输入"和"预期输出"应细化和具体到变量、输入点或检查点的具体数值,以使测试输入无二义性和测试检查结果唯一性,而系统测试因一些测试点的描述相对易于理解,可以不必给出具体的输入值和预期输出数值。
预期 结果	描述被测项目或被测特性所希望或要求达到的输出(值)或指标(例如,系统响应时间)。列出所有预期指标要求下的具体预期输出数值,如需要,也要列出描述预期输出数值的允许范围的公差值。
测试 类型	对应 TD 中几种测试类型,一般来说选择 MANUAL(手动测试)
设计人	需要填写测试用例的设计者,方便以后用例跟踪
状态	Design(设计),Imported(覆盖需求),Ready(预备),Repair(重新测试)
测试者	执行测试用例的人员,若有多个人员用逗号分开
Test Record:	
Fault Id	可以填写多个缺陷 ID,中间须用逗号","隔开。
Cycle N	每轮测试的结果记录,测试轮次根据需要可增删 Ø Pass:表示测试用例执行通过 Ø Fail:表示测试用例执行失败 Ø Block:表示测试用例执行阻塞 Ø Cancel:表示测试用例因为某种原因被取消执行
备注	需要特别说明的地方,例如参考的 CheckList、文档,测试执行规程等

用例导入 TD 的方法

Step 1   安装 TD 导入工具

在服务上找到"TDMSExcelAddin. exe"工具安装,安装后重新打开 Excel

Step 2   导入 GT3K

GT3K 上菜单:"Tools"→"Export to TestDirector",在弹出的对话框中,填写 TD 服务器的地址:http://172.16.1.192/tdbin,选择"域名"和"项目名",输入在该项目中的"用户名"和"密码"

在弹出的对话框中制定各自段与 TD 中各字段的关联关系。TD 的项对应 Excel 的列。

用例导入 GT3K 的方法

Step 1 转成 XML 文件

GT3K 上菜单："Tools"→"Converting Tools"→"Excel2Xml"，在弹出的对话框中，选择文件、表格及输出文件名

Step 2 导入 GT3K

首先选定导入的目的节点，点击 GT3K 上菜单："Import File"，选择文件后在弹出的对话框中制定各自段与 GT3K 中各字段的关联关系

注意   如果是回归版本新增用例，请选择对应的新的虚版本节点再导入，这样便于计算新增用例数量

A.2 ［STORY. eTraining. 001. 01］—［需求库管理］

Introduction 介绍

培训需求的新增、修改、删除、查询、详情、导出等功能。

Story 开发设计

页面原型设计(可选)

功能点完成之后提供。

Functions 功能描述

Design Description 模块设计描述

流程图，逻辑图

Function Illustration 功能实现说明

涉及影响的功能点：

修改文件的列表：

java：src/com /common/dao/ * * *.java

jsp：WebRoot/ WEB-INF/ jsp/ agt/common/ * * *.jsp

js：WebRoot/ js/ agt/ exam/ * * *.js

Database Design(Optional)数据库设计(可选)

T_AGT_TRAINDEMAND   培训需求

字段名	字段类型	缺省值	中文显示名称	约束关系	意义
TRAINDEMANDID	VARCHAR2(20)		培训需求 ID	非空	主键
ORIGIN	VARCHAR2(1)		来源	非空	0:直接创建 1:效能分析
INSTANCYDEGREE	VARCHAR2(1)		紧急程度	非空	0:一般 1:紧急 2:特级
LESSONID	VARCHAR2(20)		培训课程 ID		参照 T_AGT_LESSON 表的 LESSONID 字段
TITLE	VARCHAR2(100)		课程名称		参照 T_AGT_LESSON 表的 TITLE 字段
DESCRIPTION	VARCHAR2(1000)		需求说明		新增培训需求时该字段与培训课程 ID 字段不可同时为空
STARTTIME	DATE		开始时间		建议培训开始时间
ENDTIME	DATE		结束时间		建议培训结束时间
TARGET	VARCHAR2(1000)		培训目标		
STATE	VARCHAR2(1)		状态		0:预处理 1:未处理 2:已处理 3:退回
CREATOR	VARCHAR2(20)		创建人		参照 T_UCP_STAFFBASICINFO 的 STAFFID 字段
CREATETIME	DATE		创建时间		根据时间分区
QUESTIONID	VARCHAR2(20)		问题 ID		
REJECTREASON	VARCHAR2(1000)		驳回原因		当培训需求为非退回状态时该字段为空
TRAINPLANID	VARCHAR2(20)		培训 ID		参照 T_AGT_TRAINPLAN 表的 TRAINPLANID 字段

说明:记录培训的需求信息。

主键:PK_T_AGT_TRAINDEMAND(TRAINDEMANDID)

数据来源:一、数据来源于问题库系统,则来源字段值为效能分析;

二、数据来源于培训需求新增页面,则来源字段值为直接创建。

T_AGT_TRAINDEMANDSTAFF   培训需求对象

字段名	字段类型	缺省值	中文显示名称	约束关系	意义
TRAINDEMANDID	VARCHAR2(20)		培训需求 ID	非空	参照 T_AGT_TRAINDEMAND 表的 TRAINDEMANDID 字段
STAFFID	VARCHAR2(20)		培训对象	非空	参照 T_UCP_STAFFBASICINFO 的 STAFFID 字段

说明:记录欲指定为培训参与人员的对象。

主键:PK_T_AGT_TRAINDEMANDSTAFF(TRAINDEMANDID+ STAFFID)

来源:培训新增、修改页面指定。

T_AGT_TRAINDEMANDMANAGEFLOW　培训需求处理流程

字段名	字段类型	缺省值	中文显示名称	约束关系	意义
TRAINDEMANDID	VARCHAR2(20)		培训需求 ID	非空	参照 T_AGT_TRAINDE-MAND 表的 TRAINDEMAN-DID 字段
MODIFIER	VARCHAR2(20)		修改人	非空	参照 T_UCP_STAFFBASICIN-FO 的 STAFFID 字段
MODIFYTIME	DATE		修改时间	非空	根据时间分区
MODSTATE	VARCHAR2(1)		修改后状态	非空	0:预处理 1:未处理 2:已处理 3:退回

说明:培训需求在新增、修改之后均会在该表新增记录。

Internal Dependency Description 依赖性描述(可选)

N/A

Performance Requirements 性能需求和兼容性(可选)

N/A

Story 测试设计

测试方案说明

这里需要描述清楚 story 的测试范围,测试重点,从 story 使用场景的角度分析,需要进行哪些测试,如 ST,SDV,是否可以进行自动化,是否需要测试装。

测试功能列表

Story 验收标准

Story 修改描述

修改文件说明				
No.	修改文件	路径	类别	修改说明

Story 资料建议

附录 B

B.1 教育资源平台数据字典

日志表

字段名称	字段含义	数据类型	宽度	NULL	注
ID	表的主键	NUMBER		N	记录的唯一标识
TUS_ID	用户 ID	NUMBER		Y	关联用户表
RES_ID	资源 ID	NUMBER		Y	关联资源表
TIME	操作时间	VARCHAR2		Y	
IPADDR	IP 地址	VARCHAR2		Y	
OPERATETYPE	操作类型	VARCHAR2		Y	
KEYWORDS	关键字	VARCHAR2		Y	
REMARKS	备注信息	VARCHAR2		Y	
USETIME	花费时间	LONG		Y	查看执行效率
RES_TITLE	资源标题	VARCHAR2		Y	

书签表

字段名称	字段含义	数据类型	宽度	NULL	注
ID	表的主键	NUMBER		N	记录的唯一标识
NAME	书签名称	VARCHAR2		N	
PREVIOUSPAGE	当前页数	NUMBER		Y	
TOTALPAGE	总页数	NUMBER		Y	
RESOURCEID	资源 ID	NUMBER		Y	
CREATEDATE	创建时间	DATE		Y	
USERID	创建用户 ID	NUMBER		Y	

资源分类表

字段名称	字段含义	数据类型	宽度	NULL	注
ID	表的主键	NUMBER	12	N	记录的唯一标识
CODE	分类代码	VARCHAR2	100	Y	
CETEGORYNAME	分类名称	VARCHAR2	100	Y	
PARENTID	父节点 ID	NUMBER	12	Y	
RANK	排名	NUMBER	12	Y	
STATUS	开启状态	NUMBER	12	Y	

操作类型表

字段名称	字段含义	数据类型	宽度	NULL	注
ID	表的主键	NUMBER	12	N	记录的唯一标识
METHOD	方法名称	VARCHAR2	100	Y	
METHODNAME	方法意义	VARCHAR2	100	Y	
IDPOSITION	ID 所在位置	VARCHAR2	12	Y	

资源包表

字段名称	字段含义	数据类型	宽度	NULL	注
ID	表的主键	NUMBER	6	N	记录的唯一标识
PACKAGENAME	资源包名称	VARCHAR2	60	N	
SUMMARIZE	资源包大小	VARCHAR2	200	Y	
STATUS	资源包状态	NUMBER	6	Y	
USERID	创建用户	NUMBER	6	Y	
CREATEDATE	创建时间	DATE		Y	
CATEGORYID	资源包类型	NUMBER	6	Y	

资源栏目表

字段名称	字段含义	数据类型	宽度	NULL	注
ID	表的主键	NUMBER	16	N	记录的唯一标识
COLUMNNAME	栏目名称	VARCHAR2	60	N	
PARENTID	父级栏目	NUMBER	16	Y	
STATUS	栏目状态	NUMBER	6	Y	
BUILDDATE	创建时间	DATE		Y	
RANK	排名	NUMBER	6	Y	
URL	路径	VARCHAR2	100	Y	
PACKAGEID	资源包 ID	NUMBER	6	Y	

资源表

字段名称	字段含义	数据类型	宽度	NULL	注
ID	表的主键	NUMBER	16	N	记录的唯一标识
RESID	资源标识符	VARCHAR2	64	N	
TITLE	资源名称	VARCHAR2	1000	N	
RESLANGUAGE	语种	NUMBER		Y	
DESCRIPTION	描述	VARCHAR2	2000	Y	
KEYWORD	关键字	VARCHAR2	100	Y	
FORMAT	格式	NUMBER		Y	
SUBJECT	学科门类	NUMBER		Y	
PERIOD	时段	NUMBER		Y	
TYPE	资源类别	NUMBER		Y	
AUTHOR	创建人	VARCHAR2	200	Y	
CREATETIME	创建时间	VARCHAR2	200	Y	
VERSION	版本	VARCHAR2	200	Y	
RESSIZE	资源大小	FLOAT		Y	
LOCATION	位置	VARCHAR2	1000	Y	
INTENDED_END_USRER_ROLE	浏览次数	NUMBER		Y	
LEARNINGTIME	下载次数	NUMBER		Y	
COPYRIGHT_RESTRICTIONS	版权限制	VARCHAR2	60	Y	
COPYRIGTH_OWNER	版权所有	VARCHAR2	200	Y	
COST	是否收费	NUMBER		Y	
RESSTATE	资源状态	NUMBER		Y	
EXPENSE	费用	NUMBER		Y	
DOWNLOAD	是否可下载	NUMBER		Y	
TERM	所属学期	NUMBER		Y	
REASON	未通过原因	VARCHAR2	500	Y	

代码集表

字段名称	字段含义	数据类型	宽度	NULL	注
ID	表的主键	NUMBER	12	N	记录的唯一标识
DICTCODE	编码	VARCHAR2	100	Y	
DICTNAME	名称	VARCHAR2	100	Y	

字段名称	字段含义	数据类型	宽度	NULL	注
DICTGROUPID	分组序号	NUMBER	12	N	
REMARK	备注	VARCHAR2	100	Y	
STATUS	状态	NUMBER	6	Y	

代码集分组表

字段名称	字段含义	数据类型	宽度	NULL	注
ID	表的主键	NUMBER	12	N	记录的唯一标识
GROUPCODE	编码	VARCHAR2	100	Y	
GROUPNAME	名称	VARCHAR2	100	Y	
STATUS	状态	NUMBER	6	Y	

代码集子类表

字段名称	字段含义	数据类型	宽度	NULL	注
ID	表的主键	NUMBER	12	N	记录的唯一标识
ITEMCODE	编码	VARCHAR2	100	Y	
ITEMNAME	名称	VARCHAR2	100	Y	
ITEMVALUE	代码子集值	VARCHAR2	100	Y	
DICTID	代码集 ID	NUMBER	12	N	
STATUS	状态	NUMBER	12	Y	

友情链接表

字段名称	字段含义	数据类型	宽度	NULL	注
ID	表的主键	NUMBER	6	N	记录的唯一标识
LINKNAME	名称	VARCHAR2	100	Y	
LINKICON	图标	VARCHAR2	100	Y	
LINKADDRESS	地址	VARCHAR2	100	N	
RANK	排名	NUMBER	6	Y	

菜单表

字段名称	字段含义	数据类型	宽度	NULL	注
ID	表的主键	NUMBER	12	N	记录的唯一标识
CODE	菜单编号	VARCHAR2	60	N	
NAME	菜单名称	VARCHAR2	100	N	
ICON	菜单图标	VARCHAR2	60	Y	

字段名称	字段含义	数据类型	宽度	NULL	注
URL	菜单地址	VARCHAR2	300	Y	
PARENTID	父节点	NUMBER	12	Y	
RANK	排序	NUMBER	12	Y	
STATUS	状态	NUMBER	12	Y	

新闻表

字段名称	字段含义	数据类型	宽度	NULL	注
ID	表的主键	NUMBER	12	N	记录的唯一标识
TITLE	新闻标题	VARCHAR2	120	N	
NEWSCONTENT	新闻内容	VARCHAR2	4000	Y	
NEWSCATEGORY	新闻分类	NUMBER	12	N	
PUBTIME	发布时间	DATE		Y	
PUBLISHER	发布人	NUMBER	12	N	
PUBORG	发布机构	NUMBER	12	Y	
STATUS	状态	NUMBER	5	Y	
ISTOP	置顶	NUMBER	5	Y	

新闻分类表

字段名称	字段含义	数据类型	宽度	NULL	注
ID	表的主键	NUMBER	12	N	记录的唯一标识
CATEGORYNAME	分类名称	VARCHAR2	60	N	
ISCOMMENT	是否需要评论	NUMBER	6	Y	
ISANONYMOUS	是否匿名	NUMBER	6	Y	

权限表

字段名称	字段含义	数据类型	宽度	NULL	注
ID	表的主键	NUMBER	12	N	记录的唯一标识
OPERATECODE	权限代码	VARCHAR2	200	Y	
OPERATENAME	名称	VARCHAR2	100	Y	
PARENTID	父节点	NUMBER	12	Y	
URL	链接	VARCHAR2	300	Y	
RANK	排序号	NUMBER	12	Y	
TYPE	类型	NUMBER	12	Y	

组织机构表

字段名称	字段含义	数据类型	宽度	NULL	注
ID	表的主键	NUMBER	12	N	记录的唯一标识
ORGNAME	机构名称	VARCHAR2	100	N	
ORGCODE	机构编号	VARCHAR2	60	N	
PARENTID	父节点	NUMBER	12	Y	
CREATEDATE	创建时间	DATE		Y	
STATUS	状态	NUMBER	12	Y	
RANK	排序	NUMBER	22	Y	

用户注册表

字段名称	字段含义	数据类型	宽度	NULL	注
ID	表的主键	NUMBER	12	N	记录的唯一标识
EMAIL	邮箱	VARCHAR2	60	Y	
USERNAME	真实姓名	VARCHAR2	60	N	
PASSWORD	密码	VARCHAR2	60	N	
CREATEDATE	注册时间	DATE		Y	
REMARK	备注	VARCHAR2	60	Y	
ACTIVE	是否激活	NUMBER	6	N	
USERID	用户名	VARCHAR2	60	Y	
SUBJECT	学科	VARCHAR2	60	Y	
GRADE	年级	VARCHAR2	60	Y	
USERTYPE	类型	VARCHAR2	60	Y	
PERIOD	学段	VARCHAR2	60	Y	

角色表

字段名称	字段含义	数据类型	宽度	NULL	注
ID	表的主键	NUMBER	12	N	记录的唯一标识
ROLECODE	角色编号	VARCHAR2	100	Y	
ROLENAME	角色名称	VARCHAR2	100	Y	
CATEGORY	角色类型	NUMBER		Y	

角色类型表

字段名称	字段含义	数据类型	宽度	NULL	注
ID	表的主键	NUMBER	12	N	记录的唯一标识
CATEGORYNO	分类编号	VARCHAR2	60	Y	

字段名称	字段含义	数据类型	宽度	NULL	注
CATEGORYNAME	分类名称	VARCHAR2	60	Y	
CATEGORYTYPE	分类类型	NUMBER		Y	

角色权限表

字段名称	字段含义	数据类型	宽度	NULL	注
ID	表的主键	NUMBER	12	N	记录的唯一标识
ROLEID	角色编号	NUMBER		Y	
OPERATEID	权限编号	NUMBER		Y	
AUDITFLAG	审批标志	NUMBER		Y	

学科年级关联表

字段名称	字段含义	数据类型	宽度	NULL	注
ID	表的主键	NUMBER	12	N	记录的唯一标识
PERIOD_ID	学段编号	NUMBER	12		
SUBJECT_ID	学科编号	NUMBER	12		

系统参数表

字段名称	字段含义	数据类型	宽度	NULL	注
ID	表的主键	NUMBER	12	N	记录的唯一标识
PARAMNAME	参数名称	VARCHAR2	60		
PARAMVALUE	参数值	VARCHAR2	200		
REMARK	备注	VARCHAR2	300		

用户表

字段名称	字段含义	数据类型	宽度	NULL	注
ID	表的主键	NUMBER	12	N	记录的唯一标识
USERID	用户名	VARCHAR2	60	Y	
USERNAME	真实姓名	VARCHAR2	60	Y	
PASSWORD	密码	VARCHAR2	60	Y	
USERTYPE	用户类型	NUMBER	6	Y	
LOCKED	是否锁定	NUMBER	6	Y	
CREDIT	积分	NUMBER	6	Y	
ORGID	隶属组织	NUMBER	12	Y	
PHOTO	头像	VARCHAR2	60	Y	

字段名称	字段含义	数据类型	宽度	NULL	注
CREATEDATE	注册时间	DATE		Y	
EMAIL	邮箱	VARCHAR2	60	Y	
SUBJECT	学科	VARCHAR2	60	Y	
GRADE	年级	VARCHAR2	60	Y	
PERIOD	学段	VARCHAR2	60	Y	

用户兴趣表

字段名称	字段含义	数据类型	宽度	NULL	注
ID	表的主键	NUMBER	12	N	记录的唯一标识
USERID	用户编号	NUMBER		Y	
INTEREST	兴趣	VARCHAR2	200	Y	
GOODAT	擅长	VARCHAR2	200	Y	

用户信息表

字段名称	字段含义	数据类型	宽度	NULL	注
ID	表的主键	NUMBER	12	N	记录的唯一标识
USERID	用户编号	NUMBER	12	N	
SEX	性别	VARCHAR2	60	Y	
BIRTHDAY	生日	VARCHAR2	200	Y	
CONSTELLATION	星座	VARCHAR2	60	Y	
VOCATIONAL	职业	VARCHAR2	60	Y	
PROFESSIONAL	专业	VARCHAR2	60	Y	
EDUCATION	教育背景	VARCHAR2	60	Y	
INTEREST	兴趣	VARCHAR2	60	Y	
LIVEADD	居住地址	VARCHAR2	2060	Y	
HOMEADD	家庭地址	VARCHAR2	60	Y	
MARRIAGE	婚姻状况	VARCHAR2	60	Y	
BLOOD	血型	VARCHAR2	60	Y	
SCHOOL	学校	VARCHAR2	60	Y	
YEAR	入学时间	VARCHAR2	200	Y	
SCHOOLADD	学校地址	VARCHAR2	60	Y	
COMPANY	所在公司	VARCHAR2	60	Y	
STARTTIME	入职时间	VARCHAR2	200	Y	

字段名称	字段含义	数据类型	宽度	NULL	注
COMPANYADD	公司地址	VARCHAR2	60	Y	
TELPHONE	电话号码	VARCHAR2	60	Y	
EMAIL	邮箱	VARCHAR2	60	Y	
QQ	QQ 号码	VARCHAR2	60	Y	
HEAD	用户头像	VARCHAR2	60	Y	

用户排名表

字段名称	字段含义	数据类型	宽度	NULL	注
ID	表的主键	NUMBER	12	N	记录的唯一标识
USERID	用户编号	NUMBER	16	N	
INTEGRAL	积分	NUMBER	16	Y	
EXPERIENCE	经验值	NUMBER	16	Y	
URESOURCENUM	上传数量	NUMBER	16	Y	
RANK	级别	NUMBER	6	Y	
DRESOURCENUM	下载数量	NUMBER	16	Y	

用户角色表

字段名称	字段含义	数据类型	宽度	NULL	注
ID	表的主键	NUMBER	12	N	记录的唯一标识
USERID	用户编号	NUMBER		Y	
ROLEID	角色编号	NUMBER		Y	
ORGID	隶属机构	NUMBER		Y	
AUDITFLAG	审批标题	NUMBER		Y	

参考文献

［1］郑阿奇. Java EE 基础实用教程. 北京：电子工业出版社，2012.

［2］刘勇军，王电钢. 程序源代码. Java EE 项目应用开发：基于 Struts 2，Spring，Hibernate. 北京：电子工业出版社，2012.

［3］俞东进，任祖杰. JAVA EE WEB 应用开发基础. 北京：电子工业出版社，2012.

［4］http：//java. chinaitlab. com/special/struts2/.

［5］吴志祥等. Java EE 应用开发教程. 武汉：华中科技大学出版社，2016.

［6］http：//webservices. ctocio. com. cn/.